U0004610

我們是最特別的

101隻你最想認識的世界名貓

熊編 著

CONTENTS

真貓真事

名人與貓

文化、趣事與貓

愛貓有理，吸貓無罪，讀貓怡情、玩貓抒情

　　本書整理出了一百零一篇跟貓咪有關的文化趣事、名人軼事與真貓真事。老實說，一百零一篇真的太少了，有好多有趣的內容與故事都寫不進來，唯有忍痛先以國際的名貓為主，將國內的名貓暫且按下，等待之後若有機會出版第二本時再特別編寫。另外還捨棄跟貓咪關係比較遠，像是有關豹、獅子、老虎等動物的主題，以及國內讀者可能比較不熟悉的領域。為了能將更多與貓咪有關的故事提供給各位，所有收集到的故事都先做過仔細的整理，分門別類嘗試用不失樂趣卻簡短的文字，將好幾隻貓咪的故事組織為一個主題呈現給各位，因此本書雖然只有一百零一篇，但在書中出現的貓咪數量早已遠遠超出這個數字。

　　本書的完成要感謝很多朋友的大力支持，首先因為資料來自世界各地，包含歐美、俄羅斯、日本、韓國、泰國等等，感謝在各國語言上有所專業的朋友協助資料的蒐集與簡譯。其次是本書在編寫時碰到很多互相矛盾的資料內容，也有賴這些朋友協助辛苦比對，從中推敲分析出最有可信度的內容，甚至是花費時間找到原始資料做佐證，讓各位在閱讀這本書時，能得到最完整與最正確的內容。而這本書在編輯時最困難的點莫過於圖檔影像資料的取得，需要專門寫信到國外詢問，並購買商業用圖，甚至威脅剛好要出國的朋友幫忙繞路拍照，可是有滿多資料都屬於私人收藏或是館藏不提供出版使用，也有些是解析度不足，無法印刷在書中呈現給讀者，因此我們儘量尋找公開的相關連結，製作成 QRcode 提供給讀者，只要手機一掃就能看到相關的資料。

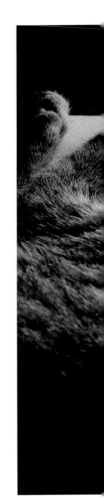

當然，由於資料數太大，難免有所疏漏，或是選擇到不恰當的內容，若是各位讀者在閱讀時發現有認知上的不同或是內容有誤，都歡迎寄回回函告知我們，或是至晨星出版寵物館的粉絲專頁留言。若本書有機會再版時，會將我們不足的部分補上與修正。

　　最後要感謝閱讀這本書的您，相信您一定也是愛貓人，希望這本書能帶給您樂趣與知識，若有幸能成為您最喜歡的一本書，甚至願意推薦給更多愛貓人，那不光是對我們最大的肯定，更是催生出下一本書的基石。

真貓真事

001 慵懶貓
一張靠在檯階上的照片，讓這隻貓咪紅到全世界。

在土耳其伊斯坦堡的卡德柯依區，有一隻很有名的街貓，名字是湯比里（Tombili）。湯比里因為對人類非常友善，任何人都可以靠近跟他拍照，加上會像人一樣靠著手坐著的姿勢而出名。之後有人在網路上分享了一張湯比里的照片，照片中的湯比里側身倚靠著人行道的檯階而坐，眼神愜意，好像十分享受街邊悠閒的生活。結果這張照片在網路上一炮而紅，出現了許多合成加工的衍生作品，像是有網友幫照片加上下午茶具，或是在湯比里身上合成夏威夷衫以及戴草帽等等，湯比里還因此被封為「慵懶貓」，許多人到土耳其旅行時都會特別尋找湯比里的蹤影，跟他合照。

二〇一六年八月時，湯比里因病到了彩虹橋。當地特別舉辦了一場紀念湯比里的請願活動，並得到超過一萬七千個人的聯名支持，因此當地政府同意為湯比里設立一座雕像，並在同年的十月四日，也就是世界動物日當天舉行揭幕儀式，紀念這隻親切又有特色的貓咪。

但是湯比里的雕像設立沒多久，在同年十一月八日的時候，雕像竟然不翼而飛，這個消息立刻被分享在 Twitter 上，引起當地居民與其他人士的悲憤及不滿，網路上四處都是撻伐與譴責小偷的言論，甚至連居住在當地的俄羅斯大使都發文表示憂心。可能是輿論的壓力實在太大，在十一月十日的時候，雕像又默默的出現在原位。

現在湯比里的雕像已經成為這個地區獨有的標誌，每年都有無數的觀光客特別到湯比里的雕像打卡朝聖，紀念這隻特別的貓咪。

版權歸屬於：Kononchuk Alla/Shutterstock.com

002 不爽貓
靠著一張臭臉而擁有上億身價的貓。

不爽貓（Grumpy Cat）的本名是 Tardar Sauce（塔達醬），是一隻因為臉部的樣子看起來很不爽而聞名的貓。根據不爽貓的主人泰貝莎·本德森表示，不爽貓會有這種表情，是因為他患有軟骨發育不全症，導致咬合不正所造成。

不爽貓會成為網路紅貓，原因是泰貝莎的兄弟，在二○一六年於社群新聞網站上張貼不爽貓的圖片，藉由社群網站的病毒式傳播，使得不爽貓在網路世界迅速爆紅。如今，在不爽貓的官方社群粉絲頁上已經有超過八百萬的粉絲。不爽貓爆紅之後，飼主乾脆辭掉了她原本擔任服務生的工作，成立了不爽貓公司（Grumpy Cat Limited），並幫不爽貓註冊商標與著作權，開發各種周邊商品，像是衣服、馬克杯等等，也跟多家貓咪飼料、飲料公司簽訂代言合約。最有名的一件事情，是在二○一六年初，不爽貓打贏了一場侵權官司。被告「手榴彈飲料公司」，必須賠償七十一萬美元（約新臺幣兩千零七十九萬元）給不爽貓的飼主。原因是「手榴彈飲料公司」擅自將不爽貓的圖像印在其他產品上，而非只印在原本談妥的「不爽卡布奇諾」上，侵犯了不爽貓公司的著作權和商標權。不爽貓的知名度與身價隨著時間水漲船高，不但上過多家媒體，出版了自己的書籍與推出電影作品，更成為首隻被製作成蠟像，進駐杜莎夫人蠟像館的貓咪。連美國總統歐巴馬都認識他，還曾在民主黨全國委員會上，借用不爽貓來調侃其他政黨官員。不爽貓在二○一九年五月四日走上彩虹橋。

除了不爽貓之外，日本也有一隻蘇格蘭折耳「殺氣貓」——小雪（Koyuki），被稱為東方的不爽貓，但是他的表情與其說是不爽，應該更偏向於帶有騰騰殺氣。還有波斯貓嘎非（Garfi），也是天生帶有一臉不爽的樣子，由於波斯貓天生塌鼻子，所以滿容易有不爽的面貌，但是像嘎非一樣總是皺眉的狀況不多，因此特別引人注目。

CATS

GRUMPY CAT

IS HEREBY DECLARED AN

HONORARY JELLICLE CAT

FELINE, FEARLESS, FAITHFUL AND TRUE

AWARDED THIS 30TH DAY OF SEPTEMBER 2016
BY THE JELLICLE LEADER

OLD DEUTERONOMY

版權歸屬於：JStone/Shutterstock.com

003 CC 貓
一隻名副其實被複製出來的貓。

當你在使用電子郵件時，是否常常會說道：「請把信件 CC 一份給我」呢？CC 是 Carbon copy，就是指副本抄送的意思。不過，在英文字典中可以查到 Copycat 這個詞，有模仿者、山寨等意思。

但是你知道嗎？世界上可是確實存在過一隻名副其實的「副本貓」。這隻貓咪在二〇〇一年十二月二十二日，出生於美國德州農工大學的實驗室。他跟有名的複製羊「桃莉」一樣，是用人工方式「複製」出來的複製貓（或是被稱為「克隆貓」），所以就被取名為 Copy cat，暱稱是 CC。

CC 的遺傳基因來自於一隻名叫「彩虹」的三花母貓，代理孕貓是一隻名叫「艾莉」的雙色玳瑁貓。有趣的是，雖然 CC 跟彩虹有一樣的基因，但是 CC 的身體花紋跟彩虹完全不同。科學家解釋，這是因為貓咪的毛色呈現，取決於胚胎發展時，毛色的細胞如何分裂與複製，跟基因的關係比較小。所以即使有同樣的基因，但是在外徵以及性格的養成上，也不會百分之百完全相同。也就是說，CC 是 CC，彩虹是彩虹，兩者間是各自獨立的個體，因此，影視作品裡利用複製技術無限復活的橋段，在現階段還只是空想。

那麼，複製動物的技術是否已經成熟可行了呢？複製 CC 的團隊認為並沒有想像中的樂觀，首先當然是成本很高，複製 CC 的費用高達美金六位數；其次是成功率也不算高，複製團隊一共製造出了八十二個胚胎，分別注入七隻母貓的體內，最終只有 CC 成功。不過在二〇〇四年的時候，有紀錄一隻名叫小尼基（Little Nicky）的複製貓，被作為商業寵物，以五萬美元的價錢出售。

CC 的身體狀況良好，在二〇〇六年九月，CC 自然產下四隻小貓，除了一隻早夭外，其他小貓都很健康。目前 CC 被一對夫婦收養，住在有冷氣的專屬別墅裡，跟他的愛人與三隻小貓一起生活。

三花母貓
彩虹的基因

分離基因
的卵子

代理孕母
雙色玳瑁貓艾莉

植入

出生

有彩虹基因
但是三色表現
不同的ＣＣ

004 幫助飼主從人生底層重新站起來的貓

他們動人的故事被出版成書還登上大銀幕。

英國有一位名叫詹姆士的失意音樂家，他不但流離失所，還患有毒癮，是社會最底層的居民。有一次在他回到社會團體提供的住處時，遇到一隻受了傷的橘色貓咪，詹姆士一時不忍，拿出自己身上最後的吃飯錢帶橘貓去看醫生。當橘貓康復後，卻賴上了詹姆士，即使詹姆士把橘貓帶出門外，橘貓也會準時在詹姆士從街頭表演回家時，坐在家門口等他。最後詹姆士只好收養這隻橘貓，並幫他取名為鮑伯（Bob）。

原本詹姆士沒有要帶鮑伯出來拋頭露面，怎知道鮑伯偷偷的跟著詹姆士搭上公車，不得已，詹姆士只好臨時使用鞋帶當作鮑伯的牽繩，帶著他一起到英國的柯芬園進行街頭表演。結果鮑伯不知道有什麼魔力，只要有鮑伯在，表演都會大受歡迎，即使鮑伯什麼都沒有做，大家還是願意不辭千里，專程來看鮑伯與詹姆士，大大的改善了詹姆士的經濟狀況，也間接地讓詹姆士找到生命的意義，而且在鮑伯的陪伴下，詹姆士更成功戒除毒癮。之後詹姆士轉換跑道，帶著鮑伯一起販售《大誌雜誌》（The Big Issue），不但經濟得到改善，重新得到親情的溫暖，也再次感受到人性的美好，就像他說的：「在遇見鮑伯時，我不能算是個人，大家看到我都只想快步離開；但是當鮑伯出現在我身旁，漸漸地有人願意為鮑伯停下腳步，和鮑伯說說話並給我鼓勵，我終於活得像個人。」

鮑伯和詹姆士的故事被出版社相中，出版了《遇見街貓 Bob》（The street cat named Bob），翻譯超過十七國語言，更改編成電影登上大銀幕。如今詹姆士已經不再需要到街上賣藝維生了，他和鮑伯一起為了流浪動物以及動物保護付出更多的努力，為各個公益團體募款，將他們從社會得到的美好，回饋給社會。不過，據說鮑伯和詹姆士不時會出現在柯芬園等地方，到英國旅行時，不妨試著到這些地方走走，或許有機會跟明星鮑伯一起合影喔！

版權歸屬於 : Featureflash Photo Agency/Shutterstock.com

005 世界上最長壽的貓
對貓咪來說，保持長壽的祕訣是看電影？

　　國內一般家貓的平均壽命大約在十三歲左右，七歲以上的貓咪就可以稱為高齡貓。不過由於國內現在生活環境與飼養水準的提高，超過十三歲的貓咪比比皆是，近幾年，臺灣家貓的平均壽命已經差不多追上其他國家，提高到十五歲左右。

　　目前金氏世界記錄最高齡的貓咪，是來自美國德州的「奶油泡芙」（Creme Puff），於一九六七年八月出生，在二〇〇五年八月走上彩虹橋，享年三十八歲又三天。奶油泡芙的飼主傑克・佩里很厲害，他養的貓咪打破了兩次最長壽貓咪的金氏世界紀錄。第一次是一九九八年，一隻名叫「愛倫雷克斯爺爺」（Granpa Rexs Allen）的斯芬克斯貓，年齡是三十四歲；第二次就是米克斯母貓奶油泡芙了，比該品種的平均壽命還要多出兩倍左右。根據佩里表示，要讓貓咪健康高齡的祕密，首先當然是控制飲食，其次是給予貓咪足夠的刺激，為此他還特別為他的愛貓們準備了專屬的家庭式電影院，播放一些自然紀錄片給貓咪們看。

　　目前，金氏世界紀錄還在持續追蹤的長壽貓是同樣來自美國的「燈芯」（Corduroy），一九八九年八月出生。燈芯的飼主表示，想要讓貓咪長壽的祕訣，就是讓他們當自己，做貓咪該做的事。據說燈芯一家都有長壽基因，燈芯的兄弟貓也活到了十九歲高齡才走上彩虹橋。當然，有很多飼主都表示自己的貓咪比燈芯更有資格成為金氏世界紀錄的長壽貓，但是要申請金氏世界紀錄必須要有確切且出自獸醫的出生證明，以及各種佐證資料，並不是很好申請。直到二〇一六年時，金氏世界紀錄終於承認一隻名叫「史庫特」（Scooter），來自德克薩斯州的貓為世界上最長壽的公貓，史庫特出生於一九八六年，比燈芯還大三歲，但是史庫特已經走上彩虹橋了，因此目前燈芯還是唯一在世的長壽貓。

現在貓咪的平均壽命越來越長，所以高齡貓咪的居家生活照顧也相對重要。

佩里與奶油泡芙的紀錄片

006 最多人觀看影片的貓
YouTube 認證最多人閱覽影片的貓。

你會看 YouTube 嗎？英文中有個新創字「Youtube」，意思是指拍攝影片分享在 YouTube 上跟大家分享，經營自己頻道的人。

來自日本的 Maru（まる），名字的意思是「圓」或「圈」，也有人稱其為喵丸，出生於二〇〇七年五月，品種是蘇格蘭摺耳公貓。

由於 Maru 很喜歡箱子，不管是怎樣的箱子都會想方設法鑽進去，所以 Maru 的飼主從二〇〇八年開始，將 Maru 平時鑽入狹小紙箱內休息或是遊戲等日常生活，錄影上傳至 YouTube。Maru 滑稽的動作，往往都能吸引到觀眾的目光，並讓觀眾發出笑聲，具有抒壓療癒的效果，因此不斷地被分享推廣。

Maru 的高人氣也得到金氏世界紀錄的認證，並頒發給 Maru「最多人於 YouTube 上觀看的動物（Most views for an animal on YouTube）」認證，依照金氏世界紀錄，截至二〇一六年九月二十二日止，Maru 在 YouTube 上被觀看的次數超過 325,704,506 次，平均每部影片有一百萬次以上的點閱，頻道的訂閱人數也超過五十萬。

雖然 Maru 是「最多人在 YouTube 觀看的動物」，但是「最多人訂閱的動物（Most subscribers for an animal on YouTube）」則被一隻來自美國的西伯利亞雪橇犬頻道（Mishka the Talking Dog）給奪走，該頻道的主角以愛說話而聞名，還會說「I love you（我愛你）」或「I'm hungry（我餓了）」，頻道訂閱數超過一百零三萬，比 Maru 多出一倍。所以若你也喜歡 Maru，別忘了到 Maru 的頻道幫他訂閱衝人氣喔！

Maru 的
YouTube 頻道

007 小玉站長
為當地帶來高達十一億日圓收入的貓咪站長。

　　小玉（たま，Tama）是日本和歌山縣紀之川市，和歌山電鐵貴志川線貴志站的貓咪站長。小玉原本是流浪貓，在二〇〇六年時，和歌山電鐵為了減少人力，取消貴志川線車站駐員的制度，改為委任車站附近商店的員工作為站長，而當時被委任為站長的小山商店負責人小山利子，正好是收養小玉的飼主，所以小玉就跟著飼主一起顧站。二〇〇七年時，鐵路公司決定正式提名小玉作為貴志站的站長，小玉於一月五日被正式委任為站長，主要工作是招攬客人，年薪為一年份的貓糧，值班時間為夏季（六至九月）每個星期一至星期六的上午九時至下午五時，冬季（十月至次年五月）每個星期一至星期六的上午十時至下午四時三十分，星期日休息，終身職。

　　小玉擔任站長期間，同年一月的乘客量比去年同期上升 17%，不只為鐵路公司帶來獲利，也為當地帶來觀光人潮與商機。二〇〇八年一月，在小玉擔任站長滿周年時，鐵路公司特別為她安排紀念活動，並將小玉晉升為「超級站長」，更是鐵路公司內首位「女性管理階層人員」，因此小玉擁有一個由舊售票櫃改裝而成的辦公室，還有兩位助理站長，分別是 Chibi（被遺棄在車站的幼貓，小玉照顧他長大）及 Miiko（小玉的母親）。小玉之後還被擢升為「和歌山電鐵社長代理」、「和歌山縣勳功爵」以及「和歌山縣招攬觀光大明神」。

　　二〇一五年六月二十二日，小玉因急性心臟衰竭去世，享年十六歲，相當於人類八十歲高齡，之後被追封為「名譽永遠站長」，由二代玉繼續接替小玉的職位。現在小玉已經成為和歌山電鐵的守護神，貴志站的月台上還建了座神社來紀念小玉，繼續迎接所有來訪與返家的乘客。

版權歸屬於：icosha/Shutterstock.com

008 捕鼠大臣
專屬唐寧街十號的英國首相家貓的頭銜。

在英國有一個「內閣辦公廳首席捕鼠大臣」（Chief Mouser to the Cabinet Office）的頭銜，專門賦予唐寧街十號，英國首相官邸的家貓。

歷史上有兩隻貓咪正式獲得這個頭銜，一隻為現任捕鼠大臣拉里（Larry），另一隻是他的前輩韓福瑞（Humphrey）。關於這個職位，最早可以追溯到的官方紀錄在一九二九年，當時英國財政部的巴納姆授權管家「從零用金中每日抽出一便士以贍養一隻高效率的貓」，一九三二年調薪，每個星期的報酬提高到一先令六便士。直到二十一世紀之後，英國捕鼠大臣的年薪為一百英鎊。

捕鼠大臣的飼主不一定屬於當時的首相，有時也會有長期空缺或是任期交疊的情況，像是現任的捕鼠大臣拉里，他於二〇一一年就任至今，就曾跟一隻名叫弗蕾亞（Freya）的貓咪交疊任期。根據官方的介紹，拉里的職責包括歡迎客人、安全檢查以及測試古董家具的睡眠品質。

既然身為英國的第一貓，拉里的一舉一動當然也會受到狗仔隊的特別檢視，例如就有八卦報紙報導過，拉里每晚都會外出與公園裡一隻雌性虎斑貓「約會」，導致其捕鼠效率變低。還有匿名人士表示拉里根本就沒有貓咪的獵鼠本能。而且傳聞拉里跟當時的英國首相大衛・卡麥隆之間的關係不是很好，因為有次首相發現宅邸內有老鼠在四處亂跑，特別去把正在呼呼大睡的拉里叫醒，要他好好克盡職責解決鼠患，結果拉里只是稍微睜開眼睛敷衍他，氣的首相立刻解雇拉里，職位由弗蕾亞取代。但還是允許拉里住在宅邸內，直到弗蕾亞退休後才復職。

版權歸屬於：Drop of Light/Shutterstock.com

英國有一隻捕鼠能力超厲害的貓咪，名叫媞比斯（Tibs the Great），是英國皇家郵政總局的當家貓，在其十四年的服務期間，皇家郵政總部完全沒有出現過鼠患。

英國皇家郵政大概在一八六八年左右開始聘僱郵局貓，一開始聘僱三隻貓咪，負責捕捉老鼠。這幾隻郵局貓都是有薪資的，六個月的試用期期間，每個星期郵局都會支付一先令，後來因為這些貓咪的表現不錯，因此特別加薪到每星期一先令六便士。而且這些郵局貓退休後還有養老金，退休生活不用愁。

媞比斯在倫敦的皇家郵政總局地下室工作，專職捕捉老鼠，他的正式薪資是每星期兩先令六便士，是所有郵局貓中收入最高的捕鼠專員。但是當時也有很多郵局聘僱郵局貓，卻沒有支付應有的報酬，所以在一九五二年時，英國下議院特別針對郵局貓沒有調薪，以及其他地方凍結郵局貓的薪資等議題，要求當時的郵政局長出面解釋，並訂立了薪資給付方法，規定郵局貓不分公母待遇皆相同，以及懷孕的母貓應該得到生育津貼，並且與公貓享有同等待遇和就業機會。

媞比斯在他長達十四年的服務生涯中，始終保持著不見鼠蹤的優秀成績，之後於一九六四年十二月走上彩虹橋。而皇家郵政總局僱用的最後一隻郵局貓是布萊迪，於一九八四年去世，同年皇家郵政開始使用能抵抗老鼠啃咬的塑膠袋來替換原先使用的布袋。

在睽違了三十多年之後，皇家郵政於二〇一七年決定再次開放這個職位，每個月聘僱一隻郵局貓，不過這次不需要這些貓咪辛勞奔波抓老鼠了，只需要躺在家中，提供萌萌的照片幫皇家郵政吸引人氣就好。

出現在英國郵票上的貓咪圖。
版權歸屬於：Boris15/Shutterstock.com

1 8 4 0 · R S P C A · 1 9

線上看媞比斯
的紀念報導

010 貓鎮長
當了二十年的榮譽鎮長，也是當地任期最久的鎮長。

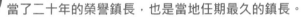

在美國阿拉斯加州，有一座名叫塔奇納的小鎮，曾經出現一位任期長達二十年的貓咪鎮長，名字叫做史塔布斯（Stubbs），出生於一九九七年，並在出生後不久開始擔任該鎮的榮譽鎮長，主要工作是為該鎮帶來觀光人氣。

史塔布斯原本是跟他的兄弟姊妹一起遭人遺棄在停車場的小貓咪，被當地店家的經理羅莉絲發現。後來史塔布斯的兄弟姊妹都送人領養，只有史塔布斯因為沒有尾巴的關係，被羅莉絲留下來照顧。根據傳聞，史塔布斯會當上鎮長，是因為當時這個小鎮在進行鎮長選舉時，鎮民們對於兩位候選人都非常不滿意，於是就有人鼓吹所有投票的鎮民，在選票寫上史塔布斯的名字並投給他。開票之後，史塔布斯竟然得到了最高票。不過，因為塔奇納並非是獨立自治的小鎮，沒有獨立的鎮長職，也不可能舉辦鎮長選舉，因此這個故事應該只是有心人編出來的。但不管如何，史塔布斯確實得到了「榮譽」鎮長的頭銜，他的辦公室安排在羅莉絲工作的商店內。不過史塔布斯的仕途並不算平順，他不僅曾經遭到青少年惡意以 BB 槍攻擊，還掉進過餐廳的油炸鍋（幸好當時沒有使用），最嚴重的一次是遭到狗襲擊，史塔布斯不但肺穿孔，骨頭也斷了好幾根，身體上還有一道深刻的傷口。史塔布斯在二〇一七年走上彩虹橋，享年二十歲。

另一位應該算是地下貓鎮長。在蘇格蘭的聖安德魯斯鎮，有一隻名叫哈米希·麥克哈米希（Hamish McHamish）的橘貓。這隻貓最愛做的事情就是四處巡視小鎮，到鎮民家串串門子，偶爾也會到附近大學監督學生們有沒有認真學習，也因為他實在太勤於經營街坊了，所以鎮民們都很喜歡他。哈米希曾經被狗追到樹上過，結果當地居民直接要求所有的狗飼主都必須確實幫狗繫上牽繩，看到哈米希時還要主動帶狗繞路。哈米希走上彩虹橋之後，當地居民主動幫他設立一座雕像，紀念這隻積極與基層互動的貓。

史塔布斯的辦公室就設在他飼主的店裡。
版權歸屬於：Michael Rosebrock/Shutterstock.com

011 政黨領導貓
應該是歷史上第一位有紀錄的政黨領導貓。

在英國有許多的政黨，被分為左派、右派、地方型等等類型，而其中有一類被稱為惡搞政黨或笑話政黨，是指以惡搞政治或娛樂性質為目的的政黨。官方妖怪狂歡發瘋黨（Official Monster Raving Loony Party，簡稱 OMRLP），就是屬於這一類政黨，由音樂人大衛·薩其於一九八三年創建並正式註冊。

在一九九九年的時候，大衛過世，黨內成員阿倫·勞德·霍普與他的愛貓卡曼度（Catmando）同為政黨領導者的提名候選人，投票結果兩人皆為一百二十五票，於是霍普投下自己的一票，決定與卡曼度共同成為官方妖怪狂歡發瘋黨的領導人。卡曼度原本的名字是卡曼（Catman），有一次霍普在他自己的私人酒吧兼招待所內，碰到一位顧客跟霍普詢問一個關於音樂的問題，但是霍普答不出來，於是顧客半開玩笑地說：「我敢打賭卡曼一定知道答案（I bet Catman do）。」所以這隻貓咪的名字就莫名其妙從卡曼（Catman）變成卡曼度（Catmando）了。

卡曼度成為官方妖怪狂歡發瘋黨的共同領導人之後，曾經監督過該政黨最大的選舉提名活動，並持續擔任共同領導人直到二○○二年七月，因為一場車禍往生才卸任。這場車禍，意外牽扯出霍普是幕後黑手的陰謀論，目的是為了打擊黨內的卡曼度派系，但這應該純屬無稽之談，合理推論若是霍普有意逼退卡曼度，根本不需要這麼大費周章，更別說這個政黨的本質也不是那麼正式。在卡曼度過世後，官方妖怪狂歡發瘋黨正式提出希望在每個主要道路上增設「貓行道」的議題，並在黨內規定，往後不能將其他貓咪取名為卡曼度，這個名字要永遠空出來以紀念這位領導人。

ÉLECTIONS LÉGISLATIVES DES 11 ET 18 JUIN 2017

Parti Animaliste

LES ANIMAUX COMPTENT, VOTRE VOIX AUSSI.

DÉCOUVREZ VOTRE CANDIDAT ET LE PROGRAMME SUR NOTRE SITE INTERNET : PARTI-ANIMALISTE.FR

Je soutiens
#AnimalPolitique

PRENDRE EN COMPTE
LES INTÉRÊTS DES ANIMAUX
ET REPENSER NOS
RELATIONS AVEC EUX

一張動保團體參與競選的海報。
版權歸屬於：Hadrian/Shutterstock.com

官方妖怪狂歡
發瘋黨的紀念
網頁

012 幫軍隊度過斷糧危機的貓
幫助快斷糧的軍隊意外找到糧食庫。

克里米亞的湯姆（Crimean Tom，又名 Tom 或 Sevastopol Tom）是在克里米亞戰爭期間，與英國陸軍有關的一隻貓。

在克里米亞戰爭期間，英法聯軍經過將近一年的圍攻，於一八五五年從俄羅斯的手中佔領了重要的港口都市——塞瓦斯托波爾。英國第六皇家龍騎兵近衛團的軍官威廉‧蓋爾，在帶領著士兵搜尋城內可用的資源時，發現一隻全身沾染沙塵的貓咪，待在兩個受傷的人中間的垃圾堆上，一臉悠閒自在，完全不受周圍紛擾影響，於是蓋爾將這隻貓咪帶回部隊。士兵們幫這隻貓咪取名為湯姆，並讓他與英國的士兵們一起用餐與生活。不過畢竟當時還是處於戰爭時期，所以食物的取得與補給上不是那麼方便，因此當地駐紮的軍隊還是需要派人四處尋找糧食與可用的資源。

過了不久，士兵們發現怎麼湯姆的身形看起來依舊是肥嘟嘟的，完全沒有因為戰爭導致食物缺乏的影響而變瘦，這些脂肪一定有特殊的來源管道。所以合理推斷湯姆一定知道城內某處有大量的老鼠可以狩獵，而這麼多數量的老鼠要生存，附近勢必得有很多食物，或許正好就是之前俄羅斯敵軍駐紮時隱藏起來的糧食庫。於是士兵們就跟在湯姆身後，來到一處堆滿建築物殘骸與瓦礫遮掩住的地方，果然發現到隱藏的糧食庫，讓英國與法國的軍隊免於斷糧危機。後來藉由湯姆的幫助，又另外發現了幾個比較小型的糧食與資源庫。

戰爭結束後，蓋爾將湯姆帶回英國飼養到終老。據說在倫敦國家陸軍博物館藏有湯姆的標本，但是似乎沒有證據證明那隻貓咪是真正的湯姆。比較可考的湯姆圖像出現在一張一八五五年的油畫作品「歡迎到訪（A Welcome Arrival）」，在畫中有一隻貓咪趴在木桌上休息，可能就是湯姆，而畫中一位穿著紅色軍服的男士可能是蓋爾，不過也只是猜測，並沒有確切的證據證明。

一群士兵逗弄一隻小貓的歷史照片。
版權歸屬於：Everett Historical/Shutterstock.com

倫敦國家陸軍
博物館收藏的
湯姆標本

013 小偷貓
會在夜晚悄悄翻入鄰居家中行竊的小偷貓。

　　小灰（Dusty the Klepto Kitty）是一隻會順「口」把鄰居家的東西牽回家的雪鞋貓。小灰出生於二○○六年三月二十日，被現任的主人收養，住在加州的聖馬刁。

　　據說在收養小灰的前兩年都沒有什麼事情發生，小灰也沒有展露出其怪盜的天分。直到兩年後，飼主開始發現家中時常會莫名其妙出現許多不屬於他們的物品，經過一番調查，飼主懷疑是小灰帶回來的贓物。小灰帶回來的贓物數量超過六百件，登記在案的有十六隻洗車手套、七個海綿、兩百多條洗碗布、七條浴巾，五條毛巾，十多隻鞋子，七十多條襪子、一百多條手套、三條圍裙、四十多顆球、四件內衣、一條狗項圈、六個橡膠玩具、一條毯子、兩個飛盤、一個安全面罩、一條睡褲、八件泳衣和其他雜七雜八的物品。

　　小灰的偷盜紀錄最早可以追朔到二○○八年，最高紀錄是一個晚上偷了十一樣東西回家。二○一一年，動物星球頻道團隊在小灰的住家附近裝設夜視型動態追蹤監視器，只要監視器附近有任何風吹草動，監視機就會拍下清晰的影像。結果當晚就拍攝到小灰潛入鄰居家中犯案的過程，並在小灰把戰利品帶回家時當場貓贓俱獲，從此小灰就在鄰居間取得了小偷貓的暱稱。幸好鄰居們也習以為常，只要發現有東西不翼而飛，就會自行到他們家來尋找，所以小灰才沒有留下前科與案底。

　　動物星球頻道拍攝的小灰偷盜紀錄片使他成為地方名貓，也讓全世界看到小灰。成名後的小灰除了在各大媒體亮相之外，舊金山舉辦的許多活動也會邀請小灰參加，例如小灰就曾經擔任過當地寵物大遊行的首席典禮官，也參與了很多動物保護活動。小灰的飼主幫他架設了 Facebook 的粉絲專頁，除了能讓粉絲知道小灰的狀況外，也能即時分享小灰帶回來的贓物，提醒失主領回。

線上看動物星
球頻道紀錄片

014 太空貓
為了人類科技進步而奉獻的貓咪們。

在二十世紀的時候，美國與蘇聯這兩大國家開始了太空競賽，以取得在航太方面最高的成就。從那個時候開始，各式各樣的人造衛星、太空探測器等陸陸續續被射上太空，一直到美國阿波羅十一號完成人類第一次登月任務，接著是可回收再發射的太空梭與國際太空站的設立，促進了地球通訊和氣象衛星的發展，增加了在教育與科技研發展領域的成長，也使得人類的生活越來越便利，像是遠洋漁船可以使用衛星電話，或是我們日常定位的 GPS 等，全都有賴航太科技的發展。

不過人類也是經過好一番的實驗與犧牲，最終才得以成功將人類送入太空中。這一篇要介紹的是世界上第一隻被送上太空的貓咪，來自法國的費莉切特（Félicette）。

費莉切特是一隻黑白色的流浪貓，被寵物商在巴黎街頭發現，最後由法國政府買下。一九六三年的時候，法國為了進行太空任務，一共訓練了十四隻貓，由德國機器人與技術研究中心負責，而費莉切特會成為第一隻上太空的貓咪，主要原因是在於他的表現比其他貓咪還要來得穩定。

在訓練期間，所有貓咪的大腦都被永久植入感應器，用以評估貓咪的神經活動與狀況。同一年的十月十八日，法國國家太空研究中心將費莉切特帶上 Véronique AGI 47 火箭射向太空。費莉切特搭乘的試驗火箭發射到離地球一百五十七公里高的地方，並沿著地球軌道飛行約十三分鐘後，經歷過五分鐘的失重狀態，成功返回到地球並安全降落。遺憾的是，費莉切特完成太空任務後並沒有機會享受英雄式的歡迎與照顧，反而在三個月後遭到法國科學家安樂死，用以解剖作更進一步的實驗。十月二十四日時又有另一隻貓咪被送上太空，只是這隻貓咪在返回地球時就已經死亡。

線上看費莉切
特的紀錄短片

015 雙面貓
這隻貓咪讓人看到生命充滿著力量與奇蹟。

　　在美國，有一隻名叫維納斯（Venus）的貓咪在網路上爆紅，因為他的臉以鼻子作為分界，將左右臉很平均的分為黑色與黃虎斑兩個色塊，所以被戲稱為貓界的「黑白郎君」。不過，世界上真的有只有一個身體，但卻有兩張臉的雙面貓。

　　法蘭克與路易（Frank & Louie 或是 Frankenlouie），品種是布偶貓，出生於一九九九年，住在美國麻塞諸塞州，天生擁有兩個鼻子、兩張嘴巴、三隻眼睛、下巴連在一起；兩張臉共用同一個腦袋，因為擁有兩張臉，於是主人將他的左右臉分別取為法蘭克與路易。這種案例稱為「雙臉畸胎症」，一般活不過幾天，不過法蘭克與路易平安健康地長大，並活過了十三年。法蘭克與路易的女主人馬蒂・史蒂文斯，原本在塔夫茨大學的卡明斯獸醫學院工作，她表示這隻「特別的小貓」剛出生才一天大的時候，就被繁殖者送去她當時工作的獸醫院，打算進行安樂死。但是當馬蒂看到法蘭克與路易時，突然心生憐憫與不忍，便將他帶回家裡照顧，用滴管餵食三個月，直到法蘭克與路易學會自己吃東西。法蘭克與路易的三個眼睛中，正中間的眼睛沒有視覺能力也不能眨眼，其他兩個眼睛良好。吃東西的時候，因為食道只有一條，加上另一張嘴巴沒有下頷，所以只能由其中一張臉負責。

　　二〇一二年，金氏世界紀錄正式承認弗蘭克和路易是世界上年紀最大的雙面貓。遺憾的是，二〇一四年的時候，弗蘭克和路易的健康狀況急速惡化，並診斷出罹患一種具有侵略性的癌症，因為這種病症會讓弗蘭克和路易非常痛苦，所以史蒂文斯雖然很不捨，但也只能選擇在該年的十一月時，含淚以人道的方式讓弗蘭克和路易安詳的離開。

線上看弗蘭克
和路易的紀錄
短片

016 尖東忌廉哥

香港貓奴的精神指標,是人氣王兼活招牌。

　　忌廉哥來自香港,又被稱為尖東忌廉哥或是忌廉仔。忌廉指的是奶油,尖東是忌廉哥與飼主一起看店的地區。忌廉哥是英國短毛貓,曾經住在香港尖沙咀東部,一間二十四小時營業的信和便利店報攤,平日跟高姓飼主以及忌廉哥的老婆「忌廉嫂」一起看店。忌廉哥可以說是香港貓奴的精神指標,憑藉其可愛的外表,擄獲了不少附近街坊及遊客的心,成為尖東一帶的「人氣王」,更是「活招牌」,地位跟臺灣的黃阿瑪與日本的 Maru 差不多。

　　二〇一二年七月,忌廉哥曾經一度失蹤,在網路社群上引發了近十萬多人同時關注,失蹤的新聞甚至登上報紙的頭條。忌廉哥的飼主表示,忌廉哥從來沒有離家出走過的紀錄,所以當時懷疑忌廉哥失蹤與偷貓賊有關。不少街坊網民動員在尖東一帶與網路張貼尋貓啓事,並發起「全城尋貓」行動。在失蹤二十五日之後,附近停車場的保全發現了忌廉哥,馬上告知報攤的高太太,結束了這場失蹤記。至於忌廉哥失蹤這一段日子到底去了哪裡,至今還是一個謎。

　　忌廉哥自此更加出名,不但出版過寫真作品與書籍,拍過電視廣告,還有網民改編許冠傑的名曲《學生哥》,填入了新詞,創作出《忌廉哥》的改編歌曲。只是到了二〇一六年,忌廉哥的飼主在忌廉哥的 Facebook 專頁上宣布,因報紙檔經營不佳,加上市道前景欠佳,決定於租約到期後收業,告別尖東,忌廉哥「卸任」店長後將會全職當「老婆奴」。不過忌廉哥退休後也依然活耀,不但又出版新書,還出席了香港書展,獲得粉絲們熱烈歡迎,簽名會更由一個小時延長至兩個小時。只是因為忌廉哥也有年紀了,所以有人批評忌廉哥在書展的見面會根本是虐貓活動,環境吵雜,現場閃光燈此起彼落,不適合忌廉哥。

　　在退休差不多一年之後,於二〇一七年十月,忌廉哥再次於飼主在油麻地彌敦道開設的「奶油家族」寵物店復出,成為駐店店長。

版權歸屬於：Lewis Tse Pui Lung/Shutterstock.com

017 有高學歷和專業證照的貓
一張工商管理碩士學位證書只要美金兩百九十九元。

大家一定聽說過很多所大學都有校貓，不但會到教室陪學生上課（睡覺），也會討摸摸幫考期將至的學生抒壓，像是日本大學的 PON 太、慶應大學的貓老大群、德國奧格斯堡大學的 Sammy 等等。這些貓咪與其說是像學生，更像是督察，畢竟他們想上課就上課，想下課就下課，不用點名也不用考試。

但是世界上可真的存在擁有碩士資格與證照的高學歷貓咪喔！二〇〇四年的時候，有一隻名叫科爾比・諾蘭（Colby Nolan）的貓，就得到工商管理碩士學位證書，這到底是怎麼一回事呢？

美國德克薩斯州有一所「三一南方大學（Trinity Southern University）」，雖然有大學的名字，但是事實上這所大學根本不具備任何辦學能力，也不提供任何相關課程，卻能授予工商管理碩士學位（MBA）學位證書，原來這是一個專門販售假學歷的犯罪組織，而且分工與宣傳都做得很到位，因此有人向賓夕法尼亞州的司法單位舉發。調查人員為了取得直接證據，直接借用副檢察長的貓咪，科爾比・諾蘭的名字，花費兩百九十九元美金向這所大學購買學歷。在申請表中，調查人員幫這隻貓咪填入曾經在社區大學進修過相關課程，有關於餐飲業以及臨時保母的工作經驗等等的內容。之後該學校竟然表示，根據這隻貓咪的「完整經歷」，決定頒發給他工商管理碩士學位，還提供了一份平均評級（GPA）3.5 分的高分成績單。賓夕法尼亞州的總檢察長在得知科爾比確實獲得工商管理碩士學位之後，隨即起訴這所大學。

這種假學歷與假證照的相關紀錄還有很多，像是有一位電視節目主持人，就幫他的貓咪喬治，申請了英國神經語言規劃委員會、催眠治療師聯合會和專業催眠治療從業者協會的三張專業證書。英國的一位醫生兼科學記者，也幫他的貓咪亨麗埃塔申請到美國營養顧問協會的營養專業相關文憑等等。

018 殭屍貓
下葬五天後從墳墓中爬出來的貓。

　　活屍一直是歷久彌新的主題，各種電影、影集、出版品都喜愛拿活屍當賣點。不過在美國佛羅里達州，有一隻名叫巴特（Bart）的貓咪，因為車禍死亡，被傷心的飼主埋在院子裡，沒想到五天之後，他竟然從墳墓中爬出來，出現在鄰居的院子裡，所以被鄰居們暱稱為殭屍貓。

　　根據飼主伊里斯的說法，當他發現巴特時，巴特早已倒臥在血泊中，當時飼主以為巴特已經死了，因為巴特的四肢都變得冰冷僵硬。但離奇的是，在確認巴特沒有生命跡象後，飼主將他埋葬在院子裡，想不到五天後，巴特竟然全身沾滿泥巴，出現在鄰居家的院子裡。當時巴特的下巴斷裂、左眼受傷，他的飼主看到「死而復生」的巴特時雖然很高興，卻因無力負擔龐大的醫療費，只能求助動保團體協助。坦帕灣慈善協會的動物醫院隨即接手，幸好經過七個星期的急救與治療，除了左眼必須移除，造成破相之外，巴特的復原狀況都不錯。動保團體的負責人曾經這樣說過：「有多少貓能從墳墓裡爬出來？所以巴特是注定要活下來的。」

　　不過，在巴特復原之後，坦帕灣慈善協會認為伊里斯沒有謹慎確認巴特的狀況就將貓咪下葬，在巴特負傷回家時也沒有第一時間送醫，而且飼主的經濟狀況不利於巴特後續的療養，所以不願意歸還巴特。伊里斯當然非常不滿，認為坦帕灣慈善協會是強盜，為了讓巴特重回身邊，決定與坦帕灣慈善協會上法院打官司，要求協會歸還貓咪，並指控協會利用巴特來募款，還不讓他探視巴特。雙方的官司打了二十個月後終於在庭外和解，巴特重新找了個新主人，由這一年多來，負責中途收容與照顧巴特的薇樂莉領養，給殭屍貓巴特永遠的家。

線上看巴特的
紀錄短片

019 有前科的貓
逃過安樂死，被判處終生監禁的貓。

死刑的存廢一直是很多國家討論不休的議題，相對於人類，動物的權利就可憐多了，許多動物都因為傷人事件而遭到射殺，即使是意外或該名被傷害的人類自己耍白目也一樣，例如曾經發生過很多起動物園遊客自己跳進猛獸籠，導致園方不得不射殺無辜動物以救援遊客的事件。

二○○六年三月的時候，在美國康乃狄克州的費爾菲爾德，有一隻名叫羅易斯（Lewis）的多趾美國長毛貓，是美國第一隻有犯罪前科並被判刑的貓咪。當時約五歲的羅易斯，被居住地的居民控告襲擊人類。當地動物管理局隨即對羅易斯下達禁制令，並且要羅易斯的飼主露絲‧西絲羅完全禁止羅易斯外出。但是露絲並沒有很認真的執行這項命令，還表示羅易斯因為無法外出造成心情低落，讓她必須嘗試使用百憂解來治療羅易斯，當然很輕易地就讓羅易斯逮到機會出外溜搭。隨即動物管理局以違反命令，使當地居民陷入危險的理由逮捕露絲，並在同年四月，由布里奇波特高等法院對羅易斯判處安樂死緩期執行的處分。

不服的露絲隨即提起上訴，並於同年五月開庭。露絲表示，如果最終判處羅易斯安樂死的話，那他寧願帶著羅易斯搬家，他還指出，羅易斯之所以會襲擊人，是因為有人用水噴羅易斯並用雞蛋砸他，他的行為完全是正當防衛。受害人與羅易斯飼主之間完全沒有達成和解，於是六月時再次開庭，法院判處羅易斯必須在家監禁，除了到寵物醫院以外，完全禁止外出，同時緩期兩年執行安樂死的處分，如果這段期間羅易斯再次傷人的話，就執行安樂死。

兩年後，也就是二○○八年七月，羅易斯沒有再次傷人的紀錄，因此免除了安樂死的刑罰，但是對羅易斯的禁足命令並沒有撤銷，他依舊只能在家中活動，若是碰到不得不外出的情況，也要確實關在貓籠裡才能外出。

貓咪是自我意識十分強烈的動物，對於不熟悉的貓咪，請不要隨便招惹牠們。

羅易斯的網站
照片

很多時候，機會都是突如其來的，你永遠摸不透出現的契機，就看你有沒有做出準備，好好把握住。羅倫佐（Lorenzo）是一隻緬因貓，當他還是幼貓時，遭人遺棄在垃圾桶裡，之後被他的飼主，作者兼攝影師的喬安‧比昂迪收養。原本喬安並沒有想要讓羅倫佐成為他的攝影模特兒，羅倫佐的天賦會被發掘，完全是無心插柳的結果。

　　有一次，羅倫佐擅自將洗衣籃中的髒衣服全部拖出來，並丟的到處都是，於是生氣的喬安決定要幫羅倫佐穿上「羞羞背心」作為懲罰，因為貓咪都不喜歡被衣服束縛，喬安相信這樣做能讓羅倫佐得到教訓。結果沒想到這個懲罰完全是反效果，羅倫佐一點也沒有感到不適，反而十分享受背心穿在身上的感覺。因此，羅倫佐就以「天生的衣架子」形象出道，在網路上分享各種時裝照。

　　喬安認為羅倫佐天生就是當國際名模的料，不但各大網路社群都有專屬帳號，更時常出現在各個影音媒體上，而且線上隨時都有數以千計，來自世界各地的粉絲等著看羅倫佐的時裝照，並且給予各種建議與讚嘆。發展至今，羅倫佐還有了自己專屬的服裝設計師。雖然羅倫佐已經成為各大報章雜誌的寵兒，不過專屬攝影師喬安還是忍不住抱怨，儘管羅倫佐有著能駕馭各種類型服裝的天分，但是他的天性還是一大問題，即使是在工作期間，羅倫佐還是克制不住想抓小鳥、破壞背景、小睡一下的慾望，所以拍攝的進度很大程度要參考羅倫佐的配合度。

　　除了羅倫佐之外，網路上還有一位被稱為時尚教主的貓咪露娜（Luna the Fashion Kitty），來自墨西哥，目前住在亞利桑那州，是喜馬拉雅貓，於時尚部落格出道，每天都會在自己的社群網站分享新的裝扮照與美容方式，也擔任過網路商城的專屬模特兒。

羅倫佐的推特

021 演員貓
專業的動物演員必須能遵照指令做出指定的動作。

在早期，電影或電視影集都需要真實的動物演員協助拍攝，所以好萊塢有專門的動物演員培訓公司，能提供接受過訓練、穩定、配合度高的動物演員供電影公司拍攝使用，而且這些動物演員還有替身，可能一部片會同時用到好幾隻長相類似的動物一起拍攝。

這些動物明星中有沒有特別出名的貓呢？有的，知名女星奧黛麗·赫本的電影作品《第凡內早餐》中，有一隻名叫阿橘（Orangey）的貓，這隻橘色虎斑貓還有吉米和大黃兩個藝名，出自其他由他出演的作品。但是由於女星奧黛麗·赫本在當時可以說是大眾的夢中情人，在電影中有一幕是阿橘和裸睡的奧黛麗·赫本同睡一張床，這個畫面不知道羨煞當時多少人，恨不得掏錢跟阿橘互換身分，即使折壽也甘願，讓「阿橘」這個名字聲名大噪，反而知道另外兩個名字的人就少了。阿橘出道甚早，在電影與電視方面擁有豐富的經驗，他的一生幾乎都在拍片中度過，更是唯一兩次贏得帕西獎（PATSY Awards，動物演員的奧斯卡）的動物明星。不過，聽說阿橘的大牌脾氣可是出了名的糟，不但有抓傷其他演員的前科，有時候還愛演不演的，雖然一般狀況下，阿橘的穩定度很高（這也是他能成為動物演員的理由），但是也曾經發生過阿橘突然罷工逃跑，整個拍攝作業只能中途喊卡，直到大家找到橘大牌回來後才繼續開機拍攝。

還有一隻叫瓊斯（Jonesy）的貓，這隻貓參與過電影《異形》的拍攝，而且在電影界的貓科動物中，他的出名程度只輸給獅子王辛巴（出自英國電影雜誌票選結果），畢竟能夠對異形哈氣的貓可不多，更別說導演在第一位受害者出現時，給了瓊斯很多製造氣氛的鏡頭，事後異形還放他一馬，讓不少觀眾以為瓊斯早就被異形附身，除了讓劇情更加緊張外，也為最後瓊斯和女主角一起逃離飛船留下懸疑的伏筆。

線上看《第凡內早餐》經典片段（於五分三十秒開始）

022 最會抓老鼠的貓
可能許多貓一輩子抓過的老鼠還不到他的一半。

自古以來，貓咪和老鼠就是天生的死對頭，只要講到鼠患的解決方法，大家第一個想到的都是養隻貓。不過現在的家貓大多養尊處優，對於老鼠的興趣也不是太大，不但有能跟老鼠一起和平共存的貓，甚至還有看到老鼠會害怕的貓。雖說如此，還是有給貓族長臉的貓。

來自英國的塔握什（Towser），是一隻琥珀貓，也是金氏世界紀錄中捕捉過最多老鼠的貓。有養狗的人對於塔握什這個名字應該都不陌生，這是常見的狗名，意思是指「大狗」或是「精力旺盛的傢伙」，明明是隻貓卻被取了狗的名字，可見這隻貓在狩獵老鼠上有多好的口碑。塔握什住在英國蘇格蘭最古老的釀酒廠「Glenturret Distillery」，他在這裡生活了二十四年。這間釀酒廠主要生產威士忌，大家都知道，釀造威士忌的原料是穀物，像是大麥、玉米、小麥或裸麥等等。而穀物就是老鼠最愛的主食，加上威士忌釀酒廠必須要建造在比較涼爽且有好水的地方，還要儲存大量穀物，所以這裡對老鼠來說根本就是饗食天堂，有豐富的食物，居住環境又舒適，便肆無忌憚的繁殖起來，讓酒廠非常頭痛。基於解決鼠患的需要，塔握什被任命為該酒廠的滅鼠專員。事實上，塔握什的滅鼠功績並沒有很確切的記載，金氏世界紀錄是採用觀察與概算的方式，推測塔握什平均一天可以抓到三隻老鼠，估算其至少剿滅了兩萬八千八百九十九隻老鼠。

塔握什走上彩虹橋之後，酒廠也有嘗試引進其他滅鼠專員，但是效率遠遠比不上塔握什。為了紀念塔握什的功績，酒廠特別請人在遊客中心為他樹立了一座雕像。如果你也是威士忌的愛好者，有機會嘗試這間酒廠出品的「Fairlie's light Highland Liquor」時，可以特別注意一下這款酒的瓶身，你會看到突出酒瓶的貓腳印與貓咪酒標，就是酒廠特別設計來紀念塔握什的。

TOWSER
21 APRIL 1963 – 20 MARCH 1987
TOWSER THE FAMOUS CAT WHO LIVED IN THE STILL
HOUSE GLENTURRET DISTILLERY FOR ALMOST 24
YEARS SHE CAUGHT 28,899 MICE IN HER LIFETIME
WORLD MOUSING CHAMPION GUINNESS BOOK OF RECORDS

版權歸屬於：Karavanskii Aleksandr

023 死神貓
能夠預測病患的死亡時間，並自動走到床邊陪伴他們。

　　在美國的羅德島州有一間護理中心，於二〇〇五年收養了一隻名叫奧斯卡（Oscar）的貓，和其他院內的貓咪一起成為「貓醫生」來陪伴護理中心內的病患，只是奧斯卡的陪伴有點沉重。

　　護理中心的工作人員在奧斯卡來到這裡工作差不多半年後，發現到奧斯卡並不算是很親人的貓，但如果他特別走到某位患者的身旁，將自己的身體蜷縮起來，安詳地看著患者或是瞇眼打個小盹，護理中心的工作人員就會立即緊張忙碌起來，因為這代表這位病患剩下的時間可能不多了，必須趕緊聯絡病患的家屬，讓他們盡快趕過來。而奧斯卡會在這位病患人生的最後幾個小時中，靜靜陪伴在此人身邊。如果房門是關著的，還會不停抓門要人幫忙開門。護理中心的醫生就曾經說過：「雖然奧斯卡不一定是第一個到達病患身邊的人，但是他一定會出現。」

　　截至二〇一〇年，奧斯卡準確預告出五十位病患離世，死亡預測時間甚至比醫護人員還要準確，有個紀錄是原本醫護人員認為 A 床的病患可能快要撐不下去了，但是奧斯卡逕自走到 B 床病患身旁，沒想到最後是 B 床病患先行離世。就因為這個特別的天賦，奧斯卡又被稱為「死神貓」或是「四腳死神」。不過家屬們沒有因為這種無法言喻的怪異天賦排斥奧斯卡，反而非常感激奧斯卡在他們無法陪伴家人直至最後一刻的情況下，代替他們給予親人最後的陪伴。

　　關於奧斯卡的天賦，目前科學還無法給予解釋。研究人員猜測，可能是在人類死亡前，身體的一些器官會發生某種特殊的反應，進而釋放出一些比較特殊的氣味。由於動物的嗅覺遠遠勝於人類，就像狗可以聞到癌症一樣，奧斯卡可能是察覺到一些人類無法感覺到的味道，再藉由增強學習學會陪伴臨終的人。目前關於奧斯卡的預測紀錄可以查到二〇一五年，至今已經超過了一百人。

其實高齡的貓咪跟長輩的生活模式與習慣可以配合得很好，是適合提供長輩考慮的伴侶寵物。

在羅德島服務
的大衛博士談
奧斯卡

024 臥底貓
協助警方抓到無照虐待動物的假獸醫師。

　　臥底貓弗雷（Fred the Undercover Kitty），名字取自於小說《哈利波特》書中愛惡作劇的雙胞胎──弗雷·衛斯理。弗雷原本是在美國紐約市布魯克林區流浪的街貓，後來被紐約動物護理控制中心的工作人員撿到，當時弗雷大約只有四個月左右大，被發現患有嚴重的肺炎，其中一個肺葉已經衰竭，另一個肺葉也有嚴重積水，幾乎無法走路，呼吸非常困難，可以說是命懸一線。幸好弗雷後來被布魯克林區的助理檢察官卡蘿爾·莫蘭收養，在這位好心人的照顧之下，弗雷終於有了一個溫暖的家，並且逐漸康復。

　　二〇〇六年的時候，布魯克林區的檢察官聘請弗雷充當臥底探員，幫助紐約市警察局逮捕一名獸醫。該名獸醫被懷疑沒有經過正式的獸醫培訓與職業執照卻擅自執業。弗雷在行動中的身分是一名貓咪病患，與人類臥底夥伴合作潛入獸醫院充當誘餌，經過一番努力，終於取得證據，成功將這位詐欺以及無照執業的假獸醫繩之以法，避免更多無辜的小動物因為錯誤的醫療行為喪命。弗雷在行動成功的記者會上成為媒體的焦點，登上各大報與電視新聞。同一年五月，布魯克林地區檢察官查爾斯·海因斯頒發協助執法獎章給弗雷，感謝他付出的辛勞，弗雷佩戴獎章大方地讓各大媒體拍照，完全沒有因為閃光燈與人潮怯場，從此「臥底貓弗雷」的名號不脛而走。弗雷也因為其特殊的貢獻，得到頒發給傑出動物的「市長夥伴獎」。

　　臥底行動結束後，弗雷從臥底探員轉職成為當地「法律生活計劃」的動物老師，除了參加鼓勵認養動物的活動以外，還被帶到學校裡，教育孩子們如何照顧動物。弗雷也收到動物人力機構的邀請，成為電視廣告明星。不過遺憾的是，同一年的八月，弗雷因為從家門衝到馬路上，不幸遭遇車禍而走上彩虹橋。

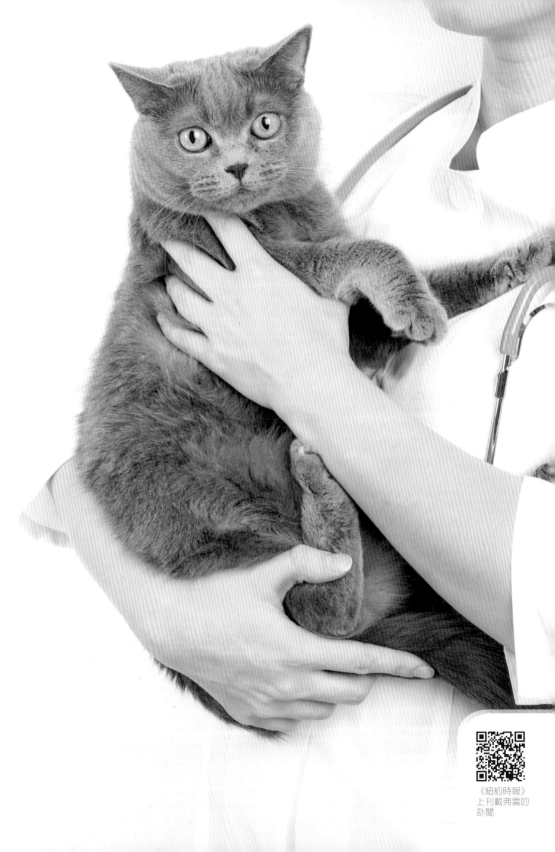

《紐約時報》
上刊載弗雷的
訊聞

025 堅強貓

即使生命給你一堆酸檸檬，你也要做成檸檬水來喝。

　　有時候，生命看上去總不是那麼公平，有些人投胎投得好，一輩子不愁吃穿，但有些人就是注定得一輩子忙忙碌碌追逐在錢的身後。有些人遇到事情總是能逢凶化吉、化險為夷；但有些人卻連到了爽單位都能被分到所謂的「屎缺」。其實，轉個念來想，有時候生命或許不是不公平，而是要讓你活得更有價值，不枉來這個世界走一遭。有兩隻貓咪，雖然沒有住在一起，也互不認識，卻被同一個英文單字綁在一起，那就是「Strong（堅強）」

　　第一隻是來自於美國紐澳良的貓咪「露（Roux）」，這隻貓咪還有個暱稱是「兔子貓」或是「袋鼠貓」，因為他天生就沒有兩隻前腳，所以被送到收容所遺棄。露原本命運多舛，因為少了兩隻前腳，所以他無法掩埋自己的排泄物，因此原本的收容所計畫將露送到其他地方，幸好碰到好心的紐奧良獸醫飼主願意收養他。露的飼主表示，基本上露的好動程度與活動力不輸家中其他有四隻腳的貓咪家人，露會站立起來使用兩隻後腿快速移動，活像小袋鼠一樣。飼主幫露申請了 Facebook 和 Instagram，露的堅強鼓舞與感動了很多網友，至今累積了將近六十萬的粉絲數。

　　第二隻是來自美國奧克拉荷馬市的貓咪「水星（Mercury）」，暱稱是「小暴龍」，因為他玩玩具的樣子很像獵食中的暴龍，他跟露一樣失去了兩隻前腿，不過是後天造成的。當時水星剛出生不過四天，眼睛都還沒睜開，就遭到意外被除草機擊中，雖然獸醫極力搶救，卻還是為了保命而不得不截肢。但是水星並沒有因此而氣餒，反而表現出生命的韌性，學會使用後腳站立行走，如今不但已經長大成貓，還能夠追趕跑跳碰，甚至是上樓梯，雖然辛苦了點，但是整體來說，水星的活力與移動力跟一般的貓咪沒有多大差別。

露的 IG

在美國加利福尼亞州，有一隻名叫八號房（8 room）的貓咪，他平日會待在依利西安高地國小生活，然後暑假時隨著學校關閉而消失，並在下一個學期開學時自己回到學校。這個生活模式持續好幾年沒有中斷，直到他因為年紀增長，加上與其他貓咪爭鬥受傷以及生病的關係，學校附近有好心人家願意收養他，因此八號房開始跟小朋友一起按時上下學。八號房的故事因為新聞報導而出名，這隻貓咪模範生每天都能收到來自世界各地的信件，此外，有導演主動幫他拍攝紀錄片，還有攝影師幫他出書，甚至有歌手幫他寫歌，使得八號房的名氣蒸蒸日上。八號房過世之後，被埋葬在洛杉磯寵物紀念公園，學生們發起募捐為他設立墓碑。依利西安高地國小為八號房留下壁畫以及人行道上的水泥爪印，以紀念這隻貓咪模範生。

一樣也是來自美國加州，有一隻名叫布巴（Bubba）的貓，是飼主從收容所認養的橘白貓，這隻貓咪可能因為自由慣了，不太願意被關在家裡，總是會不停抓門並大聲抗議，所以新飼主只能讓布巴自由進出。因為飼主住在布雷特哈爾特中學和利蘭高中之間，所以布巴時常在這兩所學校晃蕩。他會乖乖坐在教室前面等門打開，進教室和同學上課，也會到處閒逛並與學生們互動。後來有同學拍了一張布巴端正坐在椅子上，好像是在跟同學們一起專心聽課的照片並上傳到網路，這副好學生的樣子立刻讓布巴在網路上紅了起來。而布巴也很調皮，他不但會「巡視」同學的置物櫃，檢查是否有違禁品，玩廁所的衛生紙，還曾經在學校球類比賽的中途，大剌剌的走到比賽場地的中間休息，讓比賽一度暫停。雖然如此，依然掩蓋不了布巴成為學校風雲人物的特質，所以有學生提議要學校幫布巴設立雕像，但後來校方覺得這樣做過於誇張，改為承認布巴的學籍，幫布巴辦了一張專屬的學生證，成為利蘭高中承認的貓學生。

版權歸屬於：Ipek Morel/Shutterstock.com

八號房的紀念
網站

027 冬宮貓
一代一代，守護博物館文物超過數百年的忠誠衛士。

　　世界四大博物館分別是倫敦大英博物館、巴黎盧浮宮、紐約大都會藝術博物館，以及位於俄羅斯的艾爾米塔什博物館，冬宮是艾爾米塔什博物館其中一座主要建築，也曾經是俄羅斯沙皇的宮邸。在冬宮博物館的地下室住著一群貓，這群貓被稱為冬宮貓（Hermitage cats），會驅趕老鼠、保護博物館內的收藏品，早期被允許在博物館的廊道內巡視，成為冬宮博物館的特色，吸引了不少愛貓人士前來朝見。

　　冬宮貓的由來，據官方的說法是在十八世紀的時候，當時的俄羅斯帝國君主，彼得一世從荷蘭引進貓，冬宮才開始有貓居住。其女兒在登基為女皇之後，於一七四五年下令，從喀山招募強壯優秀的貓咪來防止冬宮博物館的鼠患，並賦予這些貓「廊道巡守衛士」的頭銜。在二次世界大戰，列寧格勒圍城戰期間，城市內所有的動物，包括冬宮貓在內幾乎都死亡了；戰爭結束後，蘇聯政府運送了兩大車的貓到聖彼得堡，其中有一部分居於冬宮。

　　六〇年代，因為當地的貓隻數量過多，博物館將大部分的貓送走，但是因為鼠患的問題，所以還是繼續飼養留在冬宮的貓。不過，由於博物館的貓口不斷增加，過多的貓咪除了會隨興在博物館四周嘔吐排泄之外，不時也會為了地盤問題爭吵打鬥，還時常自顧自地隨處睡大覺，擋到參觀博物館的民眾的路線與視線，所以館方持續在網站上幫這些冬宮貓尋求認養家庭。

　　自一九九八年開始，館方將每年的四月六日訂為「貓日」；在每年的三月底和四月初舉辦和貓有關的活動。二〇一八年世界盃足球賽期間，冬宮貓其中一隻只有兩歲半的捕鼠官，擁有和希臘神話英雄阿基里斯（Achilles）相同的名字，被譽為神算章魚保羅哥接班人。館方在兩個一模一樣的食物盆中插上對戰國家的國旗，阿基里斯選擇吃哪一盆，就代表他預測哪一隊獲勝。

多宮貓阿基里斯
版權歸屬於：Alexander Chizhenok Shutterstock.com

英國有一種專門頒發給在戰爭中表現傑出的動物們的勳章 ── 「迪金勳章（Dickin Medal）」，是由動物福利先驅者兼PDSA（英國獸醫慈善組織）創辦人，瑪莉亞·迪金，於一九四三年所制定。勳章主體是由青銅製成的圓餅，圍繞月桂花環雕紋，餅上書有「For Gallantry」和「We Also Serve」。綬帶以綠色，深棕色和淡藍色三色條紋組合而成，又被稱為「動物的維多利亞十字勳章（英國最高級別的軍事勳章，用來獎勵在對敵作戰中表現英勇的人）」。

迪金勳章的得主大多都是軍犬，曾經獲頒勳章的貓咪目前只有一隻，名字是西蒙（Simon），出生於一九四七年的香港。當時有一艘駐守香港的英國軍艦「紫水晶號」，艦上的水手喬治·希金波頓在碼頭上發現營養不良且奄奄一息的西蒙，於心不忍的喬治決定偷偷把西蒙藏在外套中帶上船，但沒多久就被發現了。幸好船艦上的人很快都被西蒙給收服了，加上西蒙善於捕抓老鼠，因此得以「船貓」的身分留在艦艇上。

一九四九年時，中國正處於國共內戰的時期，紫水晶號接到沿著長江前往南京護衛大使館人員撤離的任務，進入戰區的紫水晶號隨即遭到猛烈砲火攻擊，不但炸毀了艦長室，也重傷了在艦長室休息的西蒙。醫務人員設法幫西蒙清理傷口，但是西蒙的情況非常不樂觀，可能撐不過當晚。幸好西蒙表現出強韌的生命力，並逐漸恢復行動能力。當時紫水晶號因為受損嚴重，只能停泊在長江上，成為一座鋼鐵孤島，夜晚有無數隻老鼠如浪潮般從河岸跑進船艙中，西蒙立即用還沒完全復原的身體四處捕捉老鼠，確保紫水晶號的存糧不被鼠輩染指，不但維持住倖存者的士氣，更成為他們心中的支柱。在事件發生的一百零一天後，紫水晶號終於藉由其他船隻的掩護，成功脫離險境。西蒙從此役後成為英雄，除了迪金勳章之外，還獲得藍十字勳章與紫水晶戰爭勳章。

另一種榮譽貓是國際貓展上的得獎貓。

西蒙的得獎紀
念冊

029 殺手貓

因為狩獵天性，造成某些特有物種滅絕的貓。

　　在二○一六年的時候，美國華盛頓史密森尼候鳥中心總監馬拉，發表過關於流浪貓對物種造成危害的言論，他表示全球的流浪貓每年殺死二十四億隻鳥類，光是英國每年就有超過兩億隻鳥類遭到貓族的捕殺，並導致六十三種物種滅絕，包括哺乳類、鳥類和爬蟲類。

　　歷史上也確實有外來的貓咪使得某小島特有物種滅絕的紀錄。故事發生在紐西蘭的史蒂芬島，島上有一種特有種鳥類叫史蒂芬島異鷯，歸屬於雀科但是不會飛，目前已經滅絕。關於這種鳥類的滅絕，主要被歸咎於一隻名叫「提波斯（Tibbles）」的貓，這隻貓是燈塔守衛從外地帶到島上來的，由於史蒂芬島異鷯不會飛，體型又跟貓咪獵食的老鼠很相似，燈塔守衛就時常會收到提波斯獵捕的史蒂芬島異鷯禮物，也因此造成史蒂芬島異鷯的滅絕。事實上，根據研究，真正大量獵捕史蒂芬島異鷯的應該是逃脫的流浪貓的後代，並不是單一貓咪所造成。由於貓咪在這座島上沒有天敵，因此成為優勢物種，擠壓到史蒂芬島異鷯的生存空間，造成這種鳥類逐漸被淘汰。發現史蒂芬島異鷯的燈塔助理大衛‧蘭雅（史蒂芬島異鷯的學名「Xenicus lyalli」就是用來紀念這位助理）也曾在信件中寫到：「貓咪們變得狂野，並且對所有的鳥類造成傷害。」歷史上有某任燈塔管理員申請槍彈的紀錄，就是要用來獵殺島上數量過多的貓咪。

　　這起滅絕事件讓英國的動保人士要求政府在派任燈塔管理員前往孤島時，應該先了解當地是否有特有物種，並禁止攜帶私人寵物。紐西蘭曾經有無翼鳥故鄉的稱號，但是自從人類登陸之後，這些無翼鳥逐漸滅絕，目前紐西蘭地區唯一倖存下來的無翼鳥是「鷸鴕」，又名奇異鳥，也同樣瀕臨滅絕。紐西蘭政府已經頒布法令，凡是有鷸鴕出沒的地區，該區的家貓都必須實施宵禁，避免夜行性的鷸鴕遭到貓咪獵捕。

到德國參觀不萊梅市的市政廳時，一定會看到知名的《不來梅音樂家（Die Bremer Stadtmusikanten）》雕像，由驢子、狗、貓和雞疊羅漢而成。這個故事出自《格林童話》，說這四隻動物因為年紀太大，主人想宰殺他們，因此四隻動物逃了出來，並意外相遇，後來四隻動物發現他們都有音樂的天分，因此決定一起到不來梅做音樂家。在路上，他們發現一間住著強盜的小屋，於是四隻動物疊羅漢，希望能以音樂表演換來一頓飽餐。可是強盜們被突然出現的噪音嚇到逃跑了，所以四隻動物就自行進屋吃飽休息。晚上強盜們又偷偷回來一探究竟，卻在昏暗的屋子裡被四隻動物嚇到魂飛魄散，從此不敢再回來，於是四隻動物就和樂融融的在小屋裡度過愉快的生活。

現實生活中，有隻名叫諾拉（Nora）的名貓，他的飼主是音樂家兼音樂老師，家中還有飼養其他隻貓，但是只有諾拉對鋼琴情有獨鍾。諾拉一歲就會自己爬上家中的鋼琴練習，而且天天練，只要情緒來了就會練琴，沒有一天懈怠。有時有學生來學琴，諾拉還會跟他們一起來段雙手聯彈。後來諾拉彈琴的影片被學生分享到 YouTube，立刻引起關注，許多媒體都爭相報導與採訪。來自立陶宛的克萊佩達室內樂團，團內的作曲家兼指揮明道加斯·皮卡蒂斯，藉由諾拉在 YouTube 爆紅影片中彈奏出的音符，為他譜寫出《貓咪協奏曲（CATcerto）》，並藉由投影，讓諾拉擔任鋼琴首席，跟樂團一起表演。

那貓咪到底懂不懂欣賞音樂呢？美國國家交響樂團的大提琴手大衛，與多名學者合作，使用特殊的樂器和混音，針對貓咪的聽覺與大腦設計出專門撥放給貓咪聽的《貓音樂（Music for Cats）》，這個構想剛放上募資網站就達標，並且募得了比預計更多的款項。YouTube 上有滿多飼主分享主子聆聽《貓音樂》的影片，普遍的反應是這些音樂讓貓咪變得平靜，但也有飼主表示，家中的主子比較喜歡聽古典音樂。或許就跟人一樣，動物也有自己喜好的音樂類型吧！

線上看諾拉與
《貓咪協奏曲》

　　圖書館貓（Library cat）是指在全世界公共圖書館裡生活的貓。古代的書是以脆弱的莎草紙、獸皮等東西製做成的，很容易被老鼠或蛇等動物啃咬破壞，所以一些有藏書的地方，像是神廟、修道院等都會飼養貓咪來防止老鼠或蛇。

　　最有名的圖書館貓是杜威‧多讀‧些書（Dewey Readmore Books），一般都直接稱呼他為杜威。杜威是隻被遺棄在美國愛荷華州史班賽公共圖書館還書箱中的虎斑小橘貓，之後被圖書館收養。圖書館先以「杜威十進制圖書分類法」幫貓咪取名為杜威，然後對外舉辦徵名活動，結果杜威這個名字非常受到喜愛，所以允以保留，後面的名字則是提醒來拜訪杜威的人別忘了多多看書。自從杜威成為圖書館的管理員之後，吸引了許多人專程來拜訪他，成為了知名的圖書館貓，不但登上各大媒體，連日本都特別派出攝影團隊前來採訪。但是很不要臉的是，當杜威出名後，竟然有不少人爭相承認自己就是遺棄杜威的人。杜威一輩子都在圖書館內服務，每年幫圖書館增加了約十萬以上的到訪人次。杜威晚年的時候罹患了胃腫瘤，體型急遽削瘦，為了不讓杜威繼續受到痛苦折磨，最後圖書館館長，也就是杜威的主人薇琪‧麥蓉，決定讓十九歲的杜威進行人道安排。杜威走上彩虹橋之後，圖書館為他安排了追悼會，並將他埋葬在圖書館旁邊。二〇〇八年，也就是杜威過世兩年後，薇琪‧麥蓉出版了杜威的傳記《圖書館的貓》，成為暢銷作品。

　　除了杜威之外，德國的雷根斯堡大學有一隻黑白相間的貓，原本是隻流浪貓，後來自己跑到校園裡住下來，被取名為 Pep，他最喜歡在圖書館巡邏，監督學生有沒有認真讀書，或是坐在書架上冥想，因此有了「貓館長」的稱號，還有專屬的借書證。國內滿多獨立書店也有貓店長顧店，讓顧客可以在挑書的同時順便感受貓咪的療癒魔力。

史班賽 公共圖
書館幫杜威設
置的紀念網站

032 最高與尾巴最長的貓

兩隻貓咪來自同一個家庭，卻沒躲過無情的火災。

　　各位有聽過「長貓教」嗎？這個宗教的教義是「不管黑貓白貓，只要夠長就是好貓！」長貓教源自於一位日本網友，他將家中的白貓抱起來時，意外發現這隻貓伸展開來非常的長，於是拍照上傳到網路分享，沒想到眾網民們立刻惡搞這隻貓咪的圖來表達敬畏與崇拜，並尊稱他為 Longcat，甚至還發展出另一隻黑色亞種──Tacgnol（這隻貓也是因為飼主抱起來展現其身長並上傳照片到網路而被惡搞），在長貓世界的設定中，兩者會互相競爭並大打出手。

　　不過世界上最長的貓到底是誰呢？金氏世界紀錄中，貓咪「最長」的紀錄有兩個，一個是全世界最高的貓──大角星（Arcturus），蹲坐時的身長有 48.4 公分；另一個是全世界尾巴最長的貓──天鵝座（Cygnus），尾巴長達 44.7 公分。大角星和天鵝座是一家人，同樣來自美國密西根州。大角星是熱帶草原貓，他的飼主在接受金氏世界紀錄採訪時，說到大角星每天可以吃掉 1.5 磅的食物（差不多是八至十個貓罐頭），而且因為他太高了，所以可以站在餐桌旁跟飼主一起吃飯。至於天鵝座則是緬因庫恩貓，因為他的尾巴毛真的太長了，所以飼主都要很小心避免壓到或踩到。有趣的是，這兩個金氏世界紀錄並不是飼主主動申請的，而是金氏世界紀錄的工作人員在網路上看到天鵝座的照片，認為他的尾巴長度足以打破先前的世界紀錄，於是主動跟飼主聯絡。果不其然，天鵝座的尾巴長度輕輕鬆鬆就打破先前的紀錄。測量結束後，記錄委員無意間注意到大角星，好奇之下順便做了測量，結果也打破之前最高的貓咪紀錄。

　　遺憾的是，在二〇一七年年底，這兩隻貓咪的住家發生火災，因為火災發生的太突然，飼主來不及找到兩隻貓咪一起逃生，事後在住家的地下室發現因為吸入過多濃煙而逃生不及的大角星與天鵝座。

緬因庫恩貓（緬因貓）除了毛長外，也是大型的貓咪品種。

金氏世界紀錄
認證影片

033 自拍貓
人類的拍照技術太糟糕，本貓自己來！

　　如今智慧型手機的照相功能越來越強大，幾乎直逼專業級相機，還有專門為了自拍設計的機種，以及可以自動修圖 App 等產品問世，加上社群媒體的曝光，自拍已經可以說是全民運動。

　　來自美國的虎斑貓──曼尼（Manny），在社群媒體 Instagram 上有自己的專屬帳號「yoremahm」，裡面滿滿的都是他和各個動物好朋友的自拍照。目前飼主一家總共養了四隻狗狗和四隻貓，曼尼原本是隻流浪貓，但是曼尼十分親人，好奇心很強，也是家中最聰明的寵物。曼尼手拿相機的自拍照在網路上爆紅之後，很多人都很好奇，到底曼尼是怎麼做出拿相機的動作，幫自己和動物好朋友們拍攝自拍照的呢？飼主解釋，其實這是無心插柳的結果，有一次他拿出 GoPro 想要拍攝曼尼與其他的狗狗們，當他剛放好 GoPro，正在調整角度的時候，曼尼好奇的靠近 GoPro，仔細端詳這個東西到底是什麼，甚至伸出貓爪對 GoPro 敲敲打打，結果意外拍下了他和動物朋友們的照片，成為曼尼的處女作。曼尼的拍照技巧非常高超老練，取景與角度都有一定的水準，更厲害的是，只要是曼尼掌鏡，幾乎所有的動物朋友都會一起看向鏡頭，拍照時機抓得很準，似乎可以從相片中聽到曼尼對他的動物朋友們下倒數的指令。為了讓曼尼有更多發揮的空間，一展攝影長才，飼主特別提供曼尼專屬的 GoPro 給他「敲打」自拍。

　　日本岩手縣也有一隻網路暱稱為「貓叔」的白貓，真實名字是大白。貓叔個性很好，可以接受攝影者對他進行各種裝扮，也不挑拍攝地點。他因為被飼主在頭上放了各種東西拍照而出名，像是橘子、高麗菜、番茄塔等等，加上貓叔體型有點福態，總是瞇瞇眼，好似無憂無慮一般任飼主擺弄，所以又被封為「禪宗貓」。

曼尼的作品集

034 旅行貓
世界很大，貓想去看看。

　　澳大利亞有位型男理查・易斯特，他辭去十年來的穩定工作，把房子和車子都賣掉，換成一輛麵包車，帶著他心愛的黑貓威羅（Willow），踏上了澳大利亞的環島旅行。威羅是理查的前女友從收容所帶回來的，當時威羅才兩歲。由於威羅總是在理查生命中最艱難的時刻，無怨無悔地陪伴著他。因此當理查的前女友表示自己無法養貓時，理查毅然決然接下這個擔子，並決定讓整個澳大利亞成為威羅的庭院，所以踏上了旅程。他們的旅行還在持續著，只要在社群媒體 Instagram 上搜尋「vancatmeow」，就能知道他們的最新進度喔！

　　一樣是在澳大利亞，有隻名叫翠姆（Trim）的貓，他的飼主是知名探險家馬修・福林達斯，專業的航海家與繪圖（地圖與海圖）師，以探勘與描繪出澳大利亞海岸線而聞名。身為探險家的貓，翠姆當然具有強大的生存能力和極高的智慧，曾經有翠姆從船上落海，然後憑著自己的能力游回船上的紀錄，所以福林達斯會帶著翠姆四處旅行，同時充當船上的老鼠保安官。後來福林達斯受到英法戰爭的影響，遭法國指控為間諜並遭到逮捕，翠姆在他被關押的期間失蹤了，福林達斯懷疑翠姆是被一個飢餓的奴隸拐走並吃掉。福林達斯特別幫翠姆寫了傳記，紀念這位跟他一起勇於航向未知領域的夥伴。一九九六年時，澳大利亞的米切爾圖書館幫翠姆立了一座雕像，安置在福林達斯的雕像附近。一旁的石碑寫著「貓族中最優秀與最傑出的貓，最親暱的朋友與最忠誠的僕人。」在英國多寧頓，福林達斯的出生地也立有翠姆親暱的靠在福林達斯腳邊的雕像。

　　還有一隻叫史瑪提（Smarty）的貓咪，在他過世之前，累積搭乘過九十二次的飛機，往返於開羅與拉納卡，是目前金氏世界紀錄中搭過最多次飛機的動物，也是檢疫次數最多的動物。

探險家福林達斯英國出生地設立了他與愛貓的紀念銅像。
版權歸屬於：Guy Erwood/Shutterstock.com

035 英雄貓
不只人類有急難救助的精神，動物也懂得幫助弱小。

二〇一五年的時候，洛杉磯每年都會舉辦的「年度英雄狗狗獎」，竟然打破慣例，將獎項搬給一隻名叫塔拉（Tara）的貓。二〇一四年的時候，飼主的小兒子，四歲大的傑瑞米在家門口外的人行道騎腳踏車玩耍時，突然遭到鄰居家的大狗攻擊，這隻大狗不但咬住傑瑞米的小腿，甚至把他拖下腳踏車。這時塔拉突然如子彈一般，從家裡衝出來猛烈攻擊這隻比他體型大上兩倍不只的大狗，博命的狠勁逼得大狗不得不鬆口並落荒而逃。飼主一家趕緊將傑瑞米送到醫院，幸好傑瑞米的傷口縫了十針之後沒有大礙。飼主將驚險的監視影片上傳至 YouTube，短短二十四小時就累積了將近兩千萬的瀏覽數。

來自加拿大的「普瑞納動物名人堂」獎，每年都會徵選出英勇救人或護主的寵物並頒發獎項。二〇一四年的時候，有一隻名叫麥斯提（Meskie）的十七歲高齡貓獲得這個獎項。因為他居住的家在某個晚上突然發生火災，第一時間發現的麥斯提沒有僵住，也沒有自己逃跑，反而跑到女主人的房間，又叫又跳地拚命把女主人吵醒，讓女主人及時逃出火場。

二〇一五年的年初，在奧布寧斯克這座城市，有一隻名叫瑪莎（Masha）的長毛虎斑貓，他是當地的流浪貓，平日靠附近的鄰居餵食，累了就隨意找個能遮風擋雨的地方休息。有一次瑪莎在路邊發現一個紙箱，於是他就上前去探索這個紙箱。想不到紙箱中竟然裝著一個被遺棄的嬰兒，瑪莎立刻鑽進箱子，用他的體溫幫嬰兒取暖，同時不斷喵喵大叫，直到一位平常會餵食瑪莎的鄰居，發現他沒有在固定的時間過來吃東西，反而不斷在遠處大聲喵喵叫。他原本以為瑪莎受傷了，所以特別走過來找瑪莎，想不到找是找到瑪莎了，還找到被他緊緊護在身體下方的小嬰兒。之後小嬰兒被緊急送醫，所幸沒有大礙。醫院發言人在接受採訪時表示：「幸虧有瑪莎，這個小嬰兒才能逃過一劫。」

線上看塔拉的
英姿

036 學會最多特技的貓
貓咪的聰明程度，真的表現出來一定讓你驚訝。

　　你家的貓咪是不是每天都在打盹睡覺，就像是被懶神附身一樣，而且每次你要叫他，他大爺都只是甩甩尾巴敷衍你，只要沒有看到食物零食，不管你怎麼吸引他，就是不想理你。說出來你可能不相信，其實貓咪是喜歡跟人互動的，而且非常聰明，幾乎所有用來訓練狗狗的課程，也都能適用在貓咪身上。貓咪會慵懶度日，對你愛理不理，很可能是你跟他互動的方式出了問題。

　　金氏世界紀錄中，有一隻來自澳大利亞的貓咪，名字叫做迪迪卡（Didga），他可是二〇一七年，跟飼主一起創下一分鐘內完成二十四種特技的紀錄保持貓。金氏世界紀錄規定，貓咪的每個特技都必須有明確的定義與獨立性，並且指揮者在下達指令時，除非貓咪在完成特技時自行碰到指揮者，否則指揮者不得碰觸到貓（像是跳高時，指揮者用手當竿子讓貓咪跳過，若貓咪的腳碰到指揮者沒關係，但不得由指揮者輔助貓咪跳高）。迪迪卡原本是從動物收容所救援出的貓咪，他所學會的特技都是飼主以正增強的方式慢慢教導出來的。據說迪迪卡很喜歡表演特技，除了能得到獎勵之外，也能跟人類互動，讓他愈學愈起勁，基本的跳高攀爬都沒有問題，還會溜滑板，並在滑板移動時跳過障礙物。在YouTube 上輸入關鍵字「Most tricks by a cat in one minute — Meet the Record Breakers」就可以看到迪迪卡一連串的表演。

　　無獨有偶，在美國有位貓夫人薩曼莎，她本身是訓獸師，並以自己的專業來訓練收養的流浪貓咪，成立了貓馬戲團「Acro — Cats」，馬戲團中的貓不但會表演各種特技，還成立了貓咪樂團，其中最受歡迎的明星是白貓「鮪魚（Tuna）」。這個貓馬戲團推翻了大眾認為「貓咪無法訓練」的刻板印象，並在美國各地，甚至是其他國家進行過公演。

金氏世界紀錄
認證影片

037 貓醫生
神祕的醫療能力，能做到人類醫生做不到的事情。

　　國外有不少養貓好處多多的研究與報導，例如養貓的人平均得到心血管疾病的機率較低、養貓有助於抒壓，減少罹患憂鬱症的機會、撫摸貓咪可以調整內分泌，產生比較多的幸福激素、貓咪呼嚕呼嚕聲的振動頻率有助於骨頭發展與傷口癒合等等。當然，這些研究多少有樣本數不足或實驗上的問題存在，但是貓咪確實是良好的聆聽者，也很容易讓人打開心房，就像人類的身心靈醫生一樣。

　　美國德州有一隻名叫達克塔（Dakota）的虎斑貓。他的飼主是一位醫療人員，而達克塔每星期至少會跟著飼主到拉伯克的大學醫療醫院一次，給予生病的孩子陪伴與鼓勵。達克塔的飼主表示，達克塔是天生的孩子王，他能很自然的跟孩子們相處在一塊，這是他們這些大人無法辦到的。而且達克塔天生充滿魅力，不只孩子們喜歡，醫院的護理人員與其他病患也很喜歡他。

　　英國有一位小女孩，她的名字是艾莉絲·葛瑞絲（Iris Grace），她兩歲時被診斷出有自閉症，他的父母想盡一切辦法幫助這個小女孩，後來在進行藝術治療時，發現到她在繪圖上極有天分，她的母親將畫作拍照分享到網路上，意外受到歡迎。艾莉絲家中有一隻名叫圖拉（Thula）的貓，專門訓練來陪伴自閉症孩童。圖拉會靜靜地陪在艾莉絲身邊，而艾莉絲也會用手撫摸圖拉的毛。有時艾莉絲晚上突然清醒時，睡在旁邊的圖拉會立刻將手指玩具叼來給艾莉絲，讓艾莉絲藉由手指運動放鬆情緒，並在艾莉絲的身旁陪伴她，直到她再次入睡。艾莉絲的母親很意外地發現，圖拉具有一種人類沒有的能力，能將治療行為自然而然地融入生活之中。自從圖拉進入他們家中之後，艾莉絲在語言方面有極大的進步，如今已經能簡單與人溝通，也能走出家門，這都是圖拉以及艾莉絲的家人努力不懈的成果。

艾莉絲與圖拉

038 GPS 貓

請原諒本喵放蕩不羈愛自由，而且比人類還會走。

　　澳大利亞是許多有袋類動物的故鄉，生態系非常特別，所以為了保護這些有袋類動物與獨特的生態系，澳大利亞其實並不鼓勵貓咪放養，特別是晚上都希望飼主將貓關起來，避免傷害到一些夜行性的小動物。不過飼主們都說自己家中的貓咪晚上不會亂跑，就算出門也只是在附近繞一繞而已，完全不當一回事。為了打臉這些飼主，澳大利亞政府找來了新南威爾斯州，一百位不相信自己的貓咪會在晚上到處亂跑的飼主，然後幫他們的貓咪戴上了 GPS 定位器，將 GPS 行動軌跡記錄下來並繪製出來，結果重重的打了這些飼主一個大耳光。紀錄中，雖然也是有只到隔壁鄰居家串門子的貓，但更多的是跨越了好幾個街區，移動距離以「公里」為單位的貓，甚至還有貓咪一個晚上就翻過了半座山頭。

　　英國蘇格蘭有一隻名叫巴西利（Parsley）的緬因貓，這隻貓咪非常喜歡離家趴趴走，從八個月大時就流露出世界很大，本喵想去看看的豪氣，結果沒有回家，把飼主急到快瘋了。因為飼主稍微有點年紀，實在受不了這樣的刺激，也沒有體力一直跟在巴西利的身後，所以既然阻止不了巴西利愛好旅行的堅持，那就退而求其次，幫他裝上 GPS 定位器，好讓飼主能適時的給予救援與接他回家。結果飼主發現，巴西利根本就是貓咪鎮長，他的巡視範圍非常大，覆蓋面積也很廣，教堂、咖啡廳、學校、沙龍等地方全都是他的地盤，平均一天能走四至六公里以上的路程。後來飼主將巴西利的任性旅行紀錄分享在網路上，竟然吸引了不少人成為他的粉絲，更有粉絲不遠千里而來，就為了見巴西利。

　　國家地理協會曾經舉辦過一項「貓咪追蹤者」計畫，鼓勵飼主為家貓套上 GPS 項圈，以監測他們的舉動並回傳數據。研究者表示，追蹤數據或許能幫助保育人士拯救遭到貓咪獵捕的野生動物，並且對貓咪行為有更進一步的了解。

039 吐舌貓
扮鬼臉吐著粉紅舌頭的小貓咪，深受眾多網友喜愛。

當有人對著你扮鬼臉吐舌頭的時候，你可能會很生氣，因為這是一種帶有嘲諷意味的表情。但是當貓咪對著你吐舌頭時，你可能不會生氣，反而會有種被療癒的感覺。

來自美國印第安納州的律・布勃（Lil Bub），是一隻患有多重罕見疾病的小貓咪，其中有一項疾病是骨質石化症（或稱骨質硬化症），讓布勃的四肢骨骼變形，並且停止生長，終身只能維持小貓咪的模樣。也因為這樣，布勃無法像其他貓咪一般靈活行走，只能靠兩隻前腳，慢慢的向前移動，嘴巴也因疾病無法合起，導致他的舌頭只能永遠伸出，無法收回。布勃曾有過幾次痛苦的發病紀錄。因為不忍心看布勃為病所苦，他的飼主麥克・布里達夫斯基甚至考慮過讓布勃安樂死。所幸，布勃在接受脈衝治療後，身體逐漸好轉。

不過，布勃的疾病為他帶來了超人氣，他的照片首次被張貼到 tumblr 後，可愛俏皮吐舌頭的萌樣立刻吸引了無數人的目光。短短一年之內，Instagram 的粉絲數就超過 20 萬人追蹤，YouTube 影片的點閱量更以數百萬計。布勃除了在社群網站上擁有超高的粉絲人數外，還有屬於自己的服裝品牌、日曆等周邊商品，讓喜歡布勃的朋友可以收藏。他的飼主也為布勃推出冒險書籍《Lil Bub：地表最強貓咪的驚奇生活（Lil Book：The Extraordinary Life of the Most Amazing Cat on the Planet）》。

布勃與他的飼主積極參與各種動物慈善活動，並鼓勵人們以領養取代購買。布勃的飼主表示，布勃是獨一無二的貓咪，他不希望布勃只是網路一時爆紅的產物，而是希望人們能夠真正關注並善待這些身體有殘缺的貓咪。

版權歸屬於：Featureflash Photo Agency Shutterstock.com

名人與貓

在動物的行為學領域上,有一條狗與一隻貓非常有名,分別是巴夫洛夫的狗,代表「古典制約」;以及心理學家,愛德華‧李‧桑代克的貓咪,代表「操作制約」。

操作制約,是一種經由刺激,引起行為改變的過程與方法,又被稱為工具制約。操作制約的研究者桑代克,製作了十五個機關籠,分別設計了不同的機關,從只要按一下桿子就可以打開籠子的超簡易版,到需要完成一連串動作的困難版都有。桑代克把一隻飢餓的貓咪放進他設計的機關籠裡,再把食物放在機關籠外面讓貓咪看到,貓咪必須操作機關籠上的裝置才能離開籠子取得食物。桑代克用幾隻不同的貓咪重複相同的實驗,並將這些貓咪放回同一個籠子裡,記錄每隻貓咪需要花費多久時間才能成功逃脫。桑代克觀察到,這些貓咪剛開始大多都只想著「從看起來能出去的地方硬擠出去」,或者使用暴力破壞機關籠。但是當貓咪成功逃脫出來後,再被放進同一個機關籠時,這些貓咪的逃脫效率就提高了,不只時間變快,沒有用的動作也變少了,甚至是在 A 機關籠學習到按壓桿子逃脫的貓咪,會在進到 B 機關籠時,先四處找看看有沒有桿子可以按壓。最後,桑代克總結出三條學習定律,分別是準備律、效果律和練習律。

之後,美國的心理學與行為學家,伯爾赫斯‧弗雷德里克‧史金納,藉由桑代克的實驗結果,改良機關籠,建立出更為詳細的操作制約理論,就是我們在動物行為訓練常常聽到的正增強、負增強、正處罰、負處罰。

值得一提的是,動物行為學中,除了巴夫洛夫的狗狗、桑代克的貓之外,還有一隻有名的動物,就是這位史金納先生的「迷信鴿子」,這三種動物能被稱為動物行為訓練的經典,是當之無愧的。

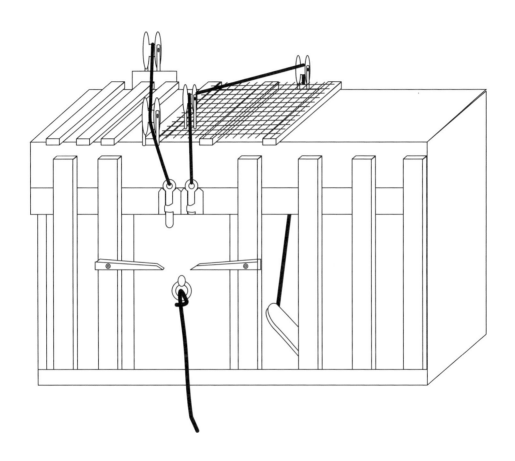

桑代克設計的機關籠示意圖，飢餓的貓咪可以從籠內看到外面的食物，並嘗試離開機關籠。
不過其實這個機關籠的實驗設計並不能確定貓咪到底是因為想要自由還是想要吃東西而學
會操作工具離開機關籠。之後史金納設計老鼠的機關籠就能確定老鼠一定是因為想要吃東
西而學習操作工具取得食物。

041 穆罕默德的貓
在伊斯蘭教國家中，貓咪比狗狗還受歡迎。

　　由於貓咪愛乾淨的形象，伊斯蘭教教徒認為貓咪是潔淨的存在，貓咪喝過的水，他們會毫不遲疑地拿起來一起喝，貓咪可以進入清真寺以及每個人的家中。其次是貓咪會獵捕破壞糧倉、古籍與經書的老鼠，因此伊斯蘭教將貓咪視為「典型寵物」。

　　相傳，伊斯蘭教的創始人，先知穆罕默德是有名的貓派成員，他有一隻特別喜愛的長毛貓，名叫穆末查（Muezza）。有一次當穆罕默德正準備更衣禱告時，發現穆末查在他禱告專用的長袍上睡得正香甜，於是穆罕默德就拿出剪刀，默默將長袍的袖子剪掉，好讓穆末查繼續睡覺不受打擾。還有一個故事是，在某一個夜晚，當穆罕默德虔誠禱告的時候，有一條毒蛇悄悄地溜進屋裡，想要伺機攻擊穆罕默德。但是毒蛇的蹤影被機警的穆末查發現，於是穆末查英勇無畏的跟毒蛇搏鬥，最後取得勝利，成功的保護了他的主人。等穆罕默德禱告結束之後，發現已經死亡的毒蛇，立刻將穆末查抱到自己的膝蓋上好好撫慰誇獎他，感謝他拯救了自己的性命，因為當時穆罕默德正在專心禱告，根本沒有注意到身邊出現這條毒蛇，若是沒有機警的穆末查，自己可能就會慘遭蛇吻。也因此，在伊斯蘭教國家中才會有貓咪拯救了穆罕默德的傳說。

　　伊斯蘭教除了眾所皆知的古蘭經之外，還有由後人編寫的穆罕默德言行錄《穆斯林聖訓實錄》，有禁止殺害與虐待貓咪的內容，像是其中有記載一位女性進入火獄的原因是，她不但讓貓咪挨餓，也沒有提供飲用水。而穆罕默德的門徒阿布胡勒，每天都會餵養清真寺附近的流浪貓，還收養了一隻小貓，因此他的名字也有了「小貓的照顧者、小貓之父」的含意。

042 迪克·惠廷頓與他的貓
小東西也可能為你帶來巨大的財富。

　　這是來自英國的傳說故事。傳說迪克·惠廷頓（Dick Whittington）是個貧苦的孤兒，他懷著發財的夢想前往倫敦，因為大家都說倫敦的馬路是用黃金鋪成的。之後他在倫敦成為一位富商廚房的幫廚。某一天，商人正好有一艘貨船要前往外國，所以他告知僕人們，每人都可以將一件物品送上船，委託他銷售。而迪克·惠廷頓除了一隻貓以外別無所有，所以就把貓咪送上船。不久，商人的貨船回來了，迪克得知他的貓咪被一位國王花下鉅額的價錢買走，這位國王的領地正在鬧鼠災，嚴重到老鼠會跳上餐桌大搖大擺的搶食物，因此急需大量的貓咪滅鼠，而這隻貓咪在國王的面前展現出他優秀的捕鼠能力，加上又懷有身孕，開心的國王立刻花下重金將貓咪買走。於是靠著這筆鉅款，迪克·惠廷頓瞬間成為有錢人，並擔任了三屆倫敦市長。

　　迪克·惠廷頓的故事靈感來自於真人理查德·惠廷頓爵士，他曾經擔任過四屆倫敦市長，且致力於公益，死後留下約等同於現在三百萬英鎊的捐款做慈善使用。不過他並非來自於貧窮且父母雙亡的家庭，也沒有關於貓咪而致富的證據，甚至沒有他養過貓的紀錄。迪克·惠廷頓的故事的演變，大概可以往前追溯到十六世紀，原本是紀念惠廷頓爵士的舞臺劇，有一個說法是，早期的英國除了英語之外，也可以用法語交談，惠廷頓致富靠的是「achat（做買賣）」，而法語中的「貓」是「chat」，所以就以訛傳訛以為惠廷頓致富靠的是「a chat（一隻貓）」，漸漸地變成如今大家聽到的迪克·惠廷頓的故事。

　　一八二一年的時候，在英國倫敦北部的拱門區，設有紀念這個故事的石碑（Whittington Stone），一九六四年增加了貓咪的雕塑，目前是英國的歷史文物，有到英國旅行時別忘了來跟這隻貓咪合影喔！

英國紀念迪克‧惠廷頓與他的貓的石雕。

043 白宮第一寵物貓
跟著美國總統一起在白宮生活的貓咪們。

　　白宮，是美國總統的官邸與主要辦公場所。美國有不少位總統都有飼養寵物，這些寵物當然也會跟著搬入白宮，並被冠上「第一寵物」的頭銜，以下來介紹幾位美國的貓奴總統。

　　第一位是第十六任總統——亞伯拉罕・林肯，他可是知名的貓奴，飼養過兩隻分別叫虎斑（Tabby）與狄克西（Dixie）的貓，還曾經公開表示狄克西比他所有的內閣成員還聰明。再來是第十九任總統——拉瑟福德・伯查德・海斯，他飼養了美國第一隻暹羅貓，分別取名為暹羅（Siam）與小貓小姐（Miss Pussy），這兩隻貓是暹羅國王贈送的禮物。接著是被暱稱為泰迪的第二十六任總統——狄奧多・羅斯福，他飼養的貓咪名為湯姆・安特（Tom Quartz），名字來自於馬克・吐溫的小說，另一隻貓的名字是毛拖鞋。然後是第二十八任總統——伍德羅・威爾遜，他的貓咪名叫海雀。第三十任總統——卡爾文・柯立芝一共飼養了四隻貓，還飼養了一隻名叫灰煙的山貓。第三十五任總統——約翰・甘迺迪飼養的貓咪名叫湯姆小貓。第三十八任總統——傑拉德・福特的貓咪名叫珊。第三十九任總統——吉米・卡特的女兒飼養了一隻暹羅貓，並取了一個很特別的名字叫「朦朧馬拉克陰陽（Misty Malarky Ying Yang）」。第四十二任總統——比爾・柯林頓，他的貓咪名叫襪子，由於正好搭上全球資訊網發展的時期，所以襪子自然就成為白宮兒童網頁版的吉祥物，更是近年來知名度最高的第一寵物貓。目前有登記的最後一隻第一寵物貓，來自第四十三任總統——喬治・沃克・布希，也就是小布希，他飼養的貓咪名叫印地亞（India），名字跟印度的國名同字同音，雖然布希解釋這個名字並非指印度這個國家，而是來自一位棒球員，但還是讓印度的國民感覺受到侮辱，因為印度的民眾認為「印度是強大的獅子，不是瘦弱的小貓」，使得美國與印度的關係一度緊張。

邱吉爾的一生當中，跟他關係密切的貓咪至少有三隻，第一隻名叫探戈（Tango），在他寫給妻子的信裡就有提到這隻貓咪對他很好，而且老是想跳上他的床，當邱吉爾用餐時，身邊就只有探戈陪著他。邱吉爾的幕僚在戰事吃緊時期的回憶錄上，也提到過邱吉爾在思考戰事的同時有摸貓的習慣，還會跟貓說話。因為當時正處在戰爭時期，奶油配給不足，邱吉爾一直對餵給貓咪吃的羊肉上沒有塗抹奶油這件事情耿耿於懷。

第二隻貓的名字叫納爾遜（Nelson），邱吉爾是這樣評價這隻貓的，他說他有一次在海軍本部看到這隻灰貓追逐驅趕一隻大狗，他為這隻貓的勇氣折服，所以決定收養他，並用海軍知名將領的名字為他命名。

第三隻貓的名字是喬克（Jock），這隻貓是在他八十八歲時，由他的私人秘書約翰·喬克·科爾維爾爵士贈送給他。邱吉爾非常疼愛這隻貓，因為怕他死後沒人照顧喬克，還特地將財產做信託安排，希望邱吉爾宅邸裡能一直住著一隻叫喬克的貓。也因為這樣，負責管理邱吉爾宅邸的基金會，在每一任喬克走上彩虹橋後，都會再安排一隻新的喬克進住，以遵守邱吉爾的遺願。

而邱吉爾跟貓之間發生的有趣故事也不少，像是邱吉爾夫人就曾提到，有一次邱吉爾在家中走廊碰到他的貓，他跟這隻貓道早安，但是貓沒有理會他，邱吉爾又再道了一次早安，但是貓還是沒有理會他，於是邱吉爾就把手上拿著的文件朝貓揮去，受驚的貓立刻跑出家門，消失的無影無蹤。結果晚上邱吉爾特別要人在房屋的玻璃窗上貼布告給逃家的貓看，布告上寫著：「只要貓咪願意回家，之前的摩擦都可以原諒。」這隻貓最後也有乖乖回家。

版權歸屬於：Kiev. Victor/Shutterstock.com

喬克六世的
介紹網站

不知道各位有沒有在網路上看過一張肖像畫，是一位戴著假髮的人，用困惑的眼神看著手中的書，然後有人在圖像下幫它加了一句話「What the fuck am I reading（我到底看了三小）」。這張肖像畫的本尊是塞繆爾・詹森（Samuel Johnson），比較常聽到的稱呼是詹森博士。他是英國知名的文人，因為獨自花費九年的時間編撰出《詹森字典》而聲名大噪，在《牛津英語辭典》出現前近兩百年的歷史中，《詹森字典》完全沒有被取代過。

詹森博士不只養過一隻貓，在與他相關的作品中有出現過一隻叫莉莉的貓，以及另一隻他特別疼愛的霍奇（Hodge），不過關於霍奇的資料非常少，只能從一些詩句上大概推測出來是隻黑貓，其他大部分跟霍奇有關的資訊都紀錄在博思維爾幫詹森博士出版的傳記之中：「我永遠不會忘記他有多麼寵溺霍奇。他常常親自帶著霍奇出門買牡蠣，以免僕人與霍奇之間的相處產生摩擦。」這邊可以稍微解釋一下，牡蠣在現代算是比較高級的食材，但是在十八世紀的時候，英國海岸到處都是牡蠣，價格非常便宜，被歸類為窮人的主食。詹森博士之所以不派他的僕人去買霍奇吃的牡蠣，是想避免讓他的僕人覺得人格受辱，所以才會親自帶霍奇去購買牡蠣。其他還有在霍奇去世之前，詹森博士特別購買纈草幫他減輕痛苦的紀錄。

一九七七年的時候，英國倫敦市長親自在高夫廣場上幫霍奇的雕像揭幕，就在詹森博士原本居所的附近，雕像霍奇坐在一本《詹森字典》上，旁邊還有兩個空牡蠣殼，碑文上寫著「a very fine cat indeed（真的是一隻好貓）」。路過的行人習慣在空牡蠣上放上一些祈求好運的銅板，遇到特殊節日時，還會幫霍奇繫上粉色的緞帶。

TALKING STATUE
Hear
Hodge
here

or
Type   Scan
speak2.co/Hodge
Be amazed

圖片由游威翔提供

046 夏目漱石與貓
吾輩是貓，還沒有名字。

　　夏目漱石，本名是夏目金之助，在日本近代文學史上享有很高的地位，被稱為「國民大作家」，是日本明治至大正時代的作家、英文學者。夏目漱石有一本很有名的小說，《我是貓（吾輩は猫である）》，這本小說可以說是夏目漱石的成名作。小說的主角是一隻沒有名字的貓，書中會用「吾輩」自稱，最討厭家中的女僕叫他「野貓」。小說內容描寫這隻貓，如何以他的視角來看待這個世界與他的飼主，夏目漱石的文字幽默風趣，讓人在閱讀時不自覺被逗得大笑，也能反思其背後對於當時知識分子的荒謬行為與思想所表達出的諷刺。

　　關於這本書的中文書名，有兩派譯名，第一派是《我是貓》，而另一派認為應該改為《吾輩是貓》。雖然說兩者都沒有什麼問題，但是「吾輩」這個字在日本有特別的意義，據說在夏目漱石生活的年代，當時的日本知識分子習慣以「吾輩」當作「我」來使用，除了是追求認同感之外，也有一種擔國之憂的感覺，但是因為自我意識太重，以至於「吾輩」這個詞帶了點「高高在上」的感覺，非常符合夏目漱石在書中為「吾輩」設立的形象與內容。

　　據說夏目漱石在編寫這部小說時，有參考一隻不請自來，擅闖進夏目家後院借住的黑色流浪貓。夏目夫人——鏡子女士並不是很喜歡貓，所以三番兩次把貓趕走，但不管怎麼趕，貓都有辦法跑回來，好像賴定了夏目家不走，所以夏目漱石就讓他住了下來。而貓能闖過夏目夫人這關，則要感謝一位按摩師婆婆，據說這位時常到夏目家的按摩師，發現這隻貓咪的腳掌肉球是黑色的，立刻跟鏡子女士說這是可遇不可求的福貓，讓喜歡占卜算命的夏目夫人大為高興，也認可了這隻貓，讓他成為夏目家的一員。不過這隻貓就跟書中的「吾輩」一樣，夏目家自始至終沒有為這隻貓取名。

版權歸屬於：Ned Snowman/Shutterstock.com

047 日本天皇與貓
最有名且最古老的貓奴日記出自日本天皇之手。

　　日本有兩位愛貓出了名的天皇，第一位是日本第五十九代天皇——宇多天皇，據說這位天皇不但愛玩貓，還愛寫日記，一共寫了十本《寬平御記》，可惜沒有全部流傳下來。

　　目前還保存著一篇日記，是宇多天皇記述當時所養的黑貓的文章，成為日本現存最古老的「貓奴日記」。大意是說：寬平元年二月六日。朕閒著沒事，想來介紹一下我的貓。這隻黑貓是大宰府的官員源精，在任期屆滿返回都城時，進獻給先帝的。他的毛色非常罕見，別的貓都是灰色，就只有這隻貓漆黑如墨，超級可愛……他的坐姿端正，會把手手和腳腳藏起來，就像黑色寶石一樣；行走時，聽不到任何聲音，就像雲端上的黑龍一般……夜裡抓老鼠的敏捷性，更是將其他貓狠狠甩了好幾條街。先帝寵愛幾天後將貓賜給我。我養了五年，每天早上都餵他吃奶粥。我對這隻貓好，並非因為這隻貓特別出色，而是先帝賜予之物，無論多小，都很珍貴……我對貓說了一些話：「你有天地之氣，也有四肢七竅，所以應該能懂我吧！」貓嘆了一口氣，抬頭看著我的臉，似乎有千言萬語想對我訴說，礙於不能說話而已。

　　其次為第六十六代天皇——一条天皇。這位天皇愛貓的故事在《小右記》與《枕草子》中都有過記載。一条天皇將一隻住在宮中的母貓封為「大殿命婦」，命婦是女官的官名，階級很高，地位相當於貴族，在宮中可與天皇同座。

　　據說，某天這隻小貓被狗欺負了，一条天皇正巧看見，於是龍顏大怒，將狗責打一頓後流放到其他島上。

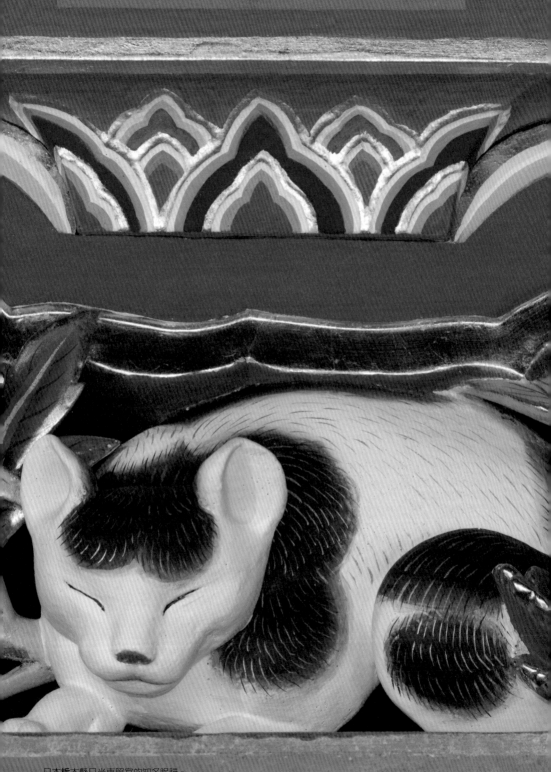

日本**栃**木縣日光東照宮的知名眠貓。

048 海明威與貓
美國硬漢也拜倒在貓咪的魅力之下。

歐內斯特・米勒・海明威（Ernest Miller Hemingway），是二十世紀最出名的代表性作家，作品《老人與海》曾獲得普立茲獎與諾貝爾文學獎。《太陽依舊升起》與《戰地春夢》兩部作品被美國現代圖書館列入「二十世紀百大英文小說」。

海明威愛酒、愛鬥牛、愛拳擊也愛狩獵，參與過兩次世界大戰，是十足十的「美國硬漢」，卻也是眾所皆知的貓奴。不過關於海明威是從什麼時候開始迷戀上貓的說法卻沒有統一，唯一可以確定的是，在他移居古巴期間就已經是位貓奴，當時留下的照片中可以看到他與孩子們一起逗貓的畫面。海明威曾經寫過一段名言：「貓在感情上的表現絕對坦率，不像人類會為了某種原因或其他理由，隱瞞自己的情感。」海明威的婚姻生活不能稱為美滿，他一共結過四次婚，還患有憂鬱症和過度偏執的問題，也因此貓咪真切直接，敢愛敢恨的感情表現，或許特別能讓他感到慰藉。

海明威生命中最有名的貓，是來自於一位船長送的多趾貓。一般貓咪都是前肢五根趾頭，後肢四根趾頭，多趾貓則是比一般貓多了幾根趾頭。在海上航行的船員們很喜歡飼養多趾貓，因為他們認為多趾貓比一般貓更為敏捷，也能抓到更多老鼠。這隻貓被取名為「雪球（Snow ball）」，跟海明威一起住在美國佛羅里達州南端礁島群的最尾端——威斯特島上的莊園裡，海明威死後將這所莊園留給了雪球與他的後代，如今海明威故居已經作為博物館對外開放，島上的貓咪幾乎都是雪球的後代，因此多數都有多趾基因，腳看起來特別大，或是多了一段大拇指。這些貓成為島上最大的動物族群，連帶使威斯特島成為美國有名的「貓島」，多趾貓也多了一個「海明威貓」的暱稱。目前金氏世界紀錄最多趾頭的貓，是二〇〇二年來自加拿大的傑克（Jake），一共有二十八根趾頭。

海明威紀念園區內的貓咪。
版權歸屬於：Michael Gordon/Shutterstock.com

049 拉格斐的貓

時尚界老佛爺的愛貓，當然也是時尚圈的寵兒。

卡爾・拉格斐（德語：Karl Lagerfeld）是巴黎的時尚設計師、藝術家，更是義大利時裝品牌芬迪與頂級法國女性時裝品牌香奈兒的首席設計師及創意總監，有「老佛爺」的稱號。

拉格斐是在七十八歲的時候成為貓奴的，他的愛貓是伯曼貓——喬比特（Choupette），這隻貓的飼主原本是一位法國男模，後來成為老佛爺的聖誕禮物。據說老佛爺本來只是受到委託幫忙照顧一下喬比特，沒想到養一養竟然養出感情，還被喬比特藍色且水汪汪的眼睛以及跟老佛爺一樣的白毛給吸引，從此愛上喬比特。老佛爺對他非常寵愛，不但跟老佛爺共享私人專機，還特別指派兩名女僕小心伺候他。老佛爺用什麼好東西都不忘給喬比特準備一份，所以喬比特用的都是知名品牌，吃的都是高檔食品，有人開玩笑說老佛爺根本就是把喬比特當成情婦在養，對此，老佛爺在二〇一三年接受媒體採訪時表示，他是真的想把喬比特娶回家裡，他已經和喬比特墜入愛河了。

喬比特在各大社群平台都有自己的帳號與粉絲團，不但有老佛爺親自掌鏡的照片，還有專屬的作家發文，加上多家時尚媒體的採訪，讓喬比特的粉絲數與身價水漲船高。對此，老佛爺感到非常驕傲：「總有一天大家的焦點會放在喬比特身上，談論更多有關他的事情，而不是我。」這樣的知名度加上老佛爺的推波助瀾，幫喬比特吸引到很多的工作機會，老佛爺對喬比特的工作非常挑剔，首先貓罐頭的代言不接，因為老佛爺認為這個工作太沒格調，不適合喬比特的身分，其次是喬比特有固定的工作時間，要以喬比特為主。二〇一五年時，老佛爺在採訪中透漏喬比特去年的收入超過三百萬美元，來自德國 Opel 汽車與日本植村秀彩妝品牌合作代言。

版權歸屬於：s_bukley/Shutterstock.com

喬比特的 IG

050 教父與貓
在椅子上摸貓幾乎成為反派的經典動作。

《教父》是一部美國幫派電影，由馬龍·白蘭度和艾爾·帕西諾主演。雖然《教父》這部電影有許多內容比較血腥，例如血淋淋的真實馬頭、黑幫械鬥等，但是並不影響這部電影的評價，依舊是許多影評人心目中的經典作品，之後滿多電影作品都有設計致敬的橋段，包含迪士尼的《動物方城市》。

《教父》的劇情，是從柯里昂家族的族長，維托·柯里昂（馬龍·白蘭度飾演）的女兒康尼的婚禮開始，維托聆聽其他成員的請求並幫他們處裡完成。之後毒梟找上維托，因為看中他在政壇的勢力，想邀其一起合作販毒，但維托認為「盜亦有道」，不願意涉入毒品，惹來毒梟的不滿與報復。接著是一連串黑道間的互相廝殺與家族間爾虞我詐的奪權競爭。最後維托退位前先與黑手黨五大家族開了會議，換取各家族不追殺幼子麥可的承諾之後，傳位給麥可。之後老教父維托在與孫子嬉戲時病發去世，葬禮上，麥可找到了家族的叛徒，並進行了一次大規模的家族肅清行動，穩固了自己的地位。

據說馬龍·白蘭度是一位愛貓人，玩弄貓咪特別有一手。《教父》的開頭，維托在解釋他對於友誼的看法時，手上還不停地撫摸一隻灰白相間的貓，這隻貓也乖乖坐在教父的腿上，任其恣意撫摸。不過這隻貓並不是劇情裡本來安排好的橋段，是《教父》的導演無意間看到這隻流浪貓在片場四處遊蕩，一時興起將他抱到馬龍·白蘭度的手上。馬龍·白蘭度本身非常喜愛小動物，所以整部片就在多了一位臨時演員的情況下繼續拍攝。這隻無名貓咪的演技，讓原本充滿肅殺感的對話中多了一些柔情，也使這一幕成為經典。但也不全都是好事，像導演就不得不針對這一幕重新配音，因為收音團隊無法清楚收錄馬龍·白蘭度的聲音，貓咪不停發出呼嚕呼嚕的聲音，幾乎壓過馬龍·白蘭度說話的聲音，在電影中也能聽到。

版權歸屬於：Baiterek Media/Shutterstock.com

線上看《教父》
經典片段於
二十秒開始

051 陪主人坐牢的貓
得知主人坐牢，立刻衝出家門挨家挨戶尋找主人的貓。

　　傳說西方知名的作家兼戲劇家，威廉‧莎士比亞，或稱莎翁，有一位男性密友，兩人交往非常親密。為此，莎翁還寫了情詩給他，收錄在著名的《十四行詩集》中。學者們推測，莎翁這位同性密友可能是亨利‧里奧謝思利，南安普敦伯爵三世（Henry Wriothesley, 3rd Earl of Southampton）。這位亨利伯爵正是本篇故事的主角，但是我們要介紹的並不是他與莎翁誰攻誰受的曖昧情史，而是他的貓崔克喜（Trixie）。

　　亨利出生於英格蘭的貴族家庭，父親早逝，所以亨利八歲就獲得了爵士封地，成為南安普敦伯爵三世。亨利熱愛戲劇與詩歌，是劇院的常客，更是當時很多詩人、戲劇家的贊助者，當然也包含鼎鼎大名的莎士比亞。據說亨利長得非常「美型」，他有一幅年輕時代的肖像畫流傳下來，很容易誤把畫中人物當成女性。亨利有一位密友，羅伯特‧德弗羅，埃塞克斯伯爵二世，據說這位伯爵在當時也屬於美型男，兩人特別受到喜愛年輕男子的伊莉莎白女王一世寵愛。但是埃塞克斯伯爵竟然引導了一場軍事政變，最後以失敗告終，依叛國罪判處死刑，同時牽連到亨利。亨利雖然逃過一死，但活罪難逃，遭到關押監禁，直到詹姆士一世登基才被釋放。

　　在亨利被監禁的期間，他的貓崔克喜，因為都沒看到主人，就自己從家中跑出來，越過千家萬戶的屋頂，挨家挨戶地找，竟然讓他找到被監禁在倫敦塔上的亨利，於是崔克喜想辦法鑽進倫敦塔內與他的主人相伴。雖然這個故事很感人，但應該是亨利的妻子偷偷將貓帶到倫敦塔交給他的情節比較可信，由於亨利的妻子害怕他承受不住好友死去的悲痛，以及長時間的孤獨，因此冒著極大的風險將崔克喜送進倫敦塔內與亨利作伴。亨利被釋放之後，請人畫了一張有崔克喜作為背景的肖像畫，紀念這隻陪他一起坐牢的貓。

伯爵與貓的畫像（私人收藏）

052 狄更斯與貓
還有什麼禮物比得到一隻貓的喜愛更有價值呢？

　　查爾斯・約翰・赫芬姆・狄更斯（Charles John Huffam Dickens），是英國維多利亞時代最偉大的作家，他的代表作品有《孤雛淚》、《小氣財神》、《塊肉餘生錄》、《雙城記》等。

　　狄更斯非常喜愛動物，也養過很多種寵物。原本狄更斯的家中是不讓貓進來的，因為家中有養鳥，直到一隻名叫威麗雅米娜（Williamina）的白貓成為家中的一份子後，這個規則才被打破。威麗雅米娜是狄更斯倫敦朋友送的禮物，特別受到狄更斯一家喜愛，他與他生的幼貓也跟狄更斯一家一起住在蓋德之丘。活潑好動的幼貓是家中的小淘氣，到處嬉鬧與爬窗廉都是小事，不時還會霸佔狄更斯的寫作桌，但是從來沒有因此被責罵過。後來幼貓陸續送人，只有一隻名叫鮑伯（Bob）的貓咪被留下，因為這隻貓咪有耳聾的殘疾。鮑伯非常黏狄更斯，不管狄更斯到哪裡都一定會跟，所以被家中的僕人稱為「主人專屬的貓」。雖然鮑伯帶有殘疾，但是他活潑愛玩的個性一點都不輸給其他兄弟姊妹，而且很愛撒嬌。有一次狄更斯跟鮑伯一起在書房看書，看一看突然蠟燭熄滅了，整個房間陷入昏暗。狄更斯重新點燃蠟燭，發現鮑伯露出委屈的表情看著他，所以狄更斯空出一隻手來摸貓，並再次栽進書中的世界。突然間，房間又忽明忽暗起來，狄更斯一抬頭，才發現是鮑伯在撥弄燭火影響狄更斯閱讀。狄更斯笑了，並放下書來好好的疼愛鮑伯一番，最後終於讓鮑伯滿足，不再影響他看書。

　　狄更斯有一段名言：「還有什麼禮物能比得到一隻貓的喜愛更有價值呢？」鮑伯用其一生陪伴狄更斯，鮑伯過世後，狄更斯留下他一小段前爪，請人製作成一把拆信刀，刀上刻有「CD On Memory of Bob 1862」的字樣。如今這把拆信刀收藏於紐約公共圖書館。

紐約公共圖書
館藏開信刀

你可能不知道什麼是量子物理學，但是你一定有聽說過「薛丁格的貓（Schrödinger's Cat）」。由於這隻貓咪實在太有名了，因此衍生出很多話題與作品。

「薛丁格的貓」是奧地利物理學者，埃爾溫‧魯道夫‧尤則夫‧亞歷山大‧薛丁格（德文：Erwin Rudolf Josef Alexander Schrödinger）於一九三五年提出的一個思想實驗，用來指出應用量子力學裡，哥本哈根詮釋在宏觀物體會產生的問題，以及這問題與物理常識之間的矛盾。

首先先聲明，沒有任何一隻貓咪因為這個實驗而慘遭不幸，因為這是一個思想實驗，也就是只使用想像力進行的實驗，所以沒有任何一隻貓咪受到非法的虐待。薛丁格假設將一隻貓咪關在一個密閉的容器之中，並且在一個蓋革計數器（探測電離輻射的粒子探測器）裡放入極少量的放射性物質。在一個小時內，這個放射性物質至少有一個原子衰變的機率為 50%，沒有任何原子衰變的機率也同樣為 50%；當衰變事件發生了，裝置會啓動機關，打破裝有氰化氫的燒瓶，貓咪就會立即死亡。經過一個小時以後，假若沒有發生衰變事件，貓咪還會活著；如果發生衰變，機關就會使貓咪死亡。對於容器外的觀察者來說，這時貓咪就處於「同時活著卻又死亡」的狀態，但是當觀察者真正觀察容器時，他只能看到活著，或是已經死亡的貓咪。

但是貓咪怎麼可能會同時活著卻又死亡呢？其實這個實驗的目的並不是要拘泥在貓咪活著或死亡上，而是要指出量子力學理論中的矛盾。歷史上也有許多有名的專家學者試著詮釋這個實驗，解釋與實驗的方式也有很多種，如果有興趣的話，可以針對量子力學的主題多加研究，或許未來你也有機會剖析這隻有名的貓喔！

我根本無法抗拒貓，特別是正在呼嚕呼嚕的貓。

　　馬克・吐溫是美國的幽默大師、小說家與著名演說家，同時也是一位愛貓人。根據紀錄，馬克・吐溫最多曾經一次飼養十九隻貓，而且他很熱衷於使用一些很「特別」或很「中二」的名字來為他的貓咪們命名，像是Beelzebub（蒼蠅王別西卜）、Blatherskite（屁話王）、Sin（罪惡）等等。而且馬克・吐溫也會將他的貓咪寫進作品中，據說名著《湯姆歷險記》中出現的貓咪彼得，就是馬克・吐溫養過的貓，讓人不禁懷疑馬克・吐溫是否也曾經像書中的頑童湯姆一樣，幫貓咪彼得灌過藥，因為這一章節把貓咪吃藥後發狂的模樣寫得非常傳神。

　　馬克・吐溫最喜歡的一隻貓，名字叫做巴比諾（Bambino），是她的女兒克拉拉送的禮物。嚴格講起來，應該是他的女兒「闖禍」後，才轉送給他的禮物。事情是這樣的，克拉拉因為健康問題住進了療養院，預計接受一年的治療，但是克拉拉非常討厭孤單的感覺，所以想方設法偷渡了一隻黑色幼貓到療養院裡偷偷飼養。直到有一天，這隻貓不知道為什麼，竟然跑進了一間不歡迎貓咪的病房串門子，才讓整件事情曝了光，於是在療養院的堅持下，克拉拉只好把巴比諾交給他父親帶回去。想不到馬克・吐溫竟然從此愛上了這隻貓，一人一貓的關係好到蜜裡調油，讓孤身一人住在療養院的克拉拉無比吃醋。

　　後來有一次，巴比諾走丟了，緊張的馬克・吐溫立刻上報社刊登尋貓啟事，還懸賞五美金給找到的人。結果立刻出現一大群人帶著「各式各樣」的貓來他家門口排隊，直到過了兩三天，巴比諾自己跑到家門前喵喵叫，被馬克・吐溫的員工凱薩琳發現並帶回家之後，馬克・吐溫不得不再跑報社一趟，刊登一則他已經找到貓的啟事，因為帶貓來找他的人依然絡繹不決。不過即使找到貓的啟事已經發布了好幾天，依然有人帶貓來找他，這群人也不是貪圖他的五塊美金，只是單純想找機會和藉口看看這位名人長的是什麼樣子而已。

馬克 · 吐溫作品《湯姆歷險記》的紀念郵票。
版權歸屬於：rook76/Shutterstock.com

055 畢卡索與貓
筆下的貓都比較陰暗，卻也代表畫家的思想不同。

　　巴勃羅・魯伊斯・畢卡索是出生於西班牙的著名藝術家，也是近代非常有影響力的畫家。說到畢卡索，可能大家比較津津樂道的是他的全名，又長又難唸，根本就是繞口令，還有他的臘腸犬路普。可是各位知道嗎？畢卡索其實也是一位跟貓關係匪淺的人喔！

　　畢卡索的作品大致可以分為四個時期，分別是「藍色時期」、「粉紅色時期」、「立體派時期」和「晚期」（本篇直接引用最常見的分法）。在最開始的藍色時期時，女人和貓可以說是畢卡索的作品中非常重要的兩個元素，代表了瘋狂與陰暗。在立體派時期與晚期之間正值第二次世界大戰，各國之間動盪不安，畢卡索當時正在被德國佔領的法國巴黎學繪畫，可以看的出來，他的作品開始加重象徵性，貓也變得更加陰暗，例如《貓吃了一隻鳥（Cat eating a bird）》。後來，畢卡索跟他的情婦朵拉・瑪爾同居，這段時期畫出了世界上最昂貴的畫作之一，《朵拉與幼貓（法語：Dora Maar au Chat）》，這幅畫在二〇〇六年以九千五百萬美金售出。當然，畢卡索之後創作的作品，也都能看到他將女人與貓這兩個元素結合在一起，例如《逗貓的裸體女士（Nude Lady Playful Cat）》以及為他的妻子所繪的《坐著的傑奎琳與貓（Jacqueline Sitting Down With A Cat）》。

　　說到畢卡索，還有一個知名地標可以順帶提到，那就是巴塞隆納的「四隻貓」。雖然四隻貓感覺上比較像是餐廳，但事實上這裡原本是一間文藝夜總會，風格參考自知名夜總會「黑貓」。據說畢卡索曾經一直想要親自拜訪黑貓這間文藝夜總會的創始店，沒想到剛來得及動身，黑貓夜總會就收了。畢卡索曾經是四隻貓的常客，這裡也是他第一次發表作品展的地方，目前四隻貓還有在營業，有機會前往巴塞隆納，可以到這裡來感受一下藝術人文氣息。

版權歸屬於：joan_bautista/Shutterstock.com

埃德加‧愛倫‧坡是知名的美國作家,因懸疑及驚悚小說而知名,與馬克‧吐溫一起被評為美國最偉大的兩位作家。

愛倫‧坡寫過多部小說作品,其中有一部短篇小說《黑貓》,是非常經典的作品。故事情節是說,主角自稱是個喜愛動物的好人,結婚後和妻子一起養了幾隻寵物,其中有一隻名為普魯圖(或是冥王星)的黑貓最為得寵。後來主角因為酗酒,脾氣變得暴燥,開始虐待家中的動物,進而傷害普魯圖,將他的一隻眼睛挖掉,甚至將他吊死。之後主角家中失火,把他的財產都燒完了。主角因為良心的關係,醉眼朦朧中,在酒館又收留了一隻黑貓。第二天酒醒了,才發現這隻貓竟然也少了一隻眼睛。除了身上白毛的位置之外,其他特徵跟普魯圖幾乎一模一樣,從此他對這隻貓產生了厭惡,但這隻貓卻特別黏他,不管到哪都要跟,讓主角一直想到普魯圖,逐漸成為心魔。後來有一次在前往地窖時,主角差點被貓絆倒,於是憤而提起斧頭想砍貓,卻被妻子制止,怒火中燒的他就在地窖中殺死了妻子,並將妻子的屍體填入磚牆之中。之後警察來調查時,在地窖聽到牆中傳出貓叫聲,原來主角一時沒注意,將貓連同妻子的屍體一起填入牆中,成了破案關鍵。

在現實生活中,愛倫‧坡確實有養過一隻名叫卡特琳娜(Catterina)的貓。這隻貓喜歡在愛倫‧坡寫作時待在他的肩膀上,好像在監督他工作一樣。愛倫‧坡的妻子罹患結核病臥病在床時,卡特琳娜會到他的妻子床旁陪伴,還會趴在她的胸膛上給予她溫暖。連愛倫‧坡都不得不承認,卡特琳娜實在是一隻完美的黑貓。不過,很多人都以為卡特琳娜是一隻黑貓,因為愛倫‧坡自己也常說卡特琳娜是黑貓,但是愛倫‧坡紀念博物館有特別註明,卡特琳娜應該是一隻玳瑁貓。

愛倫‧坡紀念‧
博物館的館貓

057 中國帝王與貓
貓不只是貓，還有官位俸祿，死後更有金棺厚葬。

俗諺「狸貓換太子」，指的是某一方在對方不知情的情況下，將對方的某樣物品調換為廉價品或劣等品。宋朝的狸，指的是貓，並不是日本的狸，從這個俗諺中可以推測，皇宮裡應該也有養貓，或許是為了杜絕鼠患，也可能是讓後宮嬪妃賞玩。

中國歷史上第一位女皇帝——武曌，即武則天，據說她曾是一位愛貓人，以收遍天下奇貓為樂，卻因為在後宮之爭遭到落敗的蕭淑妃詛咒，從此下令禁止任何人在皇宮內養貓。《舊唐書·后妃上》記載，蕭淑妃被杖擊時，大罵：「武氏狐媚，翻覆至此！我後為貓，使武氏為鼠，吾當扼其喉以報（武氏狐媚，顛倒是非！我來世要生為貓，讓武氏轉生為鼠，我必定咬她的喉嚨報仇！）」

明代宮內養貓風氣盛行，還設有貓兒房，由專人管理飼養提供給宮內賞玩的貓群，這些貓可是有名分的，混得好還能升級封賞。清代宋犖的《筠廊偶筆》中就有記載：「前朝大內貓犬皆有官名、食俸，中貴養者常呼貓為『老爺』。」明世宗朱厚熜是明朝最出名的貓奴，根據《宛署雜記》記載，明世宗有一隻特別喜愛的貓，這隻貓的雙眉潔白，名叫霜眉，十分善解人意，只要叫他名字就會立刻衝過來，還特別黏世宗，世宗午睡時會守在他的身邊，怎樣都不肯離去，因此世宗封其為「虬龍」，並在其死後給予厚葬。《萬曆野獲編·列朝·賀唁鳥獸文字》還有記載：「西苑永壽宮有獅貓死，上痛惜之，為制金棺葬之萬壽山之麓，又命在直諸老為文，薦度超升。禮侍學士袁煒文中有『化獅成龍』等語，最愜聖意。未幾，即改少宰，升宗伯，加一品入內閣，只半年內事耳。」意思是說世宗以金棺葬貓，還要眾人寫文悼念，結果其中一位大臣寫「化獅成龍」讓皇帝龍心大悅，短短半年官位就一升再升直至內閣，相當於做宰相去了，這位皇帝真不愧為明朝貓奴之最。

版權歸屬於：Guillermo Olaizola/Shutterstock.com

中國歷史上愛貓的人也不少。由於文人博取功名皆須寒窗苦讀，因此家中藏書不會少，甚至會以藏書量為傲並建造藏書樓，例如南朝梁沈約「聚書至二萬卷，京師莫比」、隋朝許善心「家藏書近萬卷」、宋朝周密「吾家三世累積，凡有書四萬二千餘卷」等等。為了保存這些得來不易的書籍，防鼠防蟲就成了重要的工作，因此文人會四處尋找適合的貓來護書，又被稱為「聘貓」。

　　知名的南宋詩人──陸游，就曾經寫過幾首跟貓有關的詩，例如《贈貓其二》：「裹鹽迎得小狸奴，盡護山房萬卷書。慚愧家貧策勳薄，寒無氈坐食無魚。」狸奴就是貓，說的是陸游用以和貓等價的鹽換來這隻貓，但是因為沒錢幫主子買窩和小魚乾而感到羞愧。陸游還是逗貓能手，不但幫貓取名字，還會用貓薄荷來逗貓，《贈貓其一》：「鹽裹聘狸奴，常看戲座隅。時時醉薄荷，夜夜占氍毹。鼠穴功方列，魚餐賞豈無。仍當立名字，喚作小於菟。」於菟是老虎的代稱，所以這隻貓被取名為小老虎。陸游還寫了不少詩來讚美貓咪捉鼠的英姿，以及叫不聽時的無奈，如果生在今天，想必他一定是會瘋狂在社群媒體上狂曬主子照的重度貓奴。

　　北宋詩人──黃庭堅也寫過乞貓詩，《乞貓》：「夜來鼠輩欺貓死，窺瓮翻盤攪夜眠。聞道狸奴將數子，買魚穿柳聘銜蟬。」由於愛貓的人逐漸多了起來，因此出現了一本奇書《相貓經》，教你怎麼挑貓，哪種樣子的貓比較會捉老鼠，或是哪種樣子的貓很懶等等，不過這本《相貓經》已經失傳，直到清代黃漢編著《貓苑》，書中竟然有收錄《相貓經》，才讓這本奇書再次出現在世人面前。

　　那有沒有不愛貓的文人呢？其實也不少，像是近代知名文人──魯迅，他就曾公開表明自己不愛貓，還列舉了數點不喜歡貓的理由：其一是不齒貓咪逗弄獵物的行為，其二是貓咪不如獅子老虎威猛，其三是叫春聲音很吵。

059 大師與瑪格麗特
一隻喜歡伏特加與槍的硬派惡魔貓。

蘇聯小說家米哈伊爾‧阿法納西耶維奇‧布爾加科夫創作的《大師與瑪格麗特》，被譽為是二十世紀最好的俄語小說，也有人推崇這本書是魔幻寫實主義的經典作品。

故事從五月莫斯科一座公園湖畔開始，一位文藝工作者聯合會主席兼某知名出版社的主編，與他的詩人作者相約在此討論刊載一篇反耶穌基督的專刊。接著化名為渥蘭德的撒旦出現與兩人聊天，並預言主席即將死亡。後來主席果真慘遭不測，看見主席死狀的詩人作者瘋狂追捕渥蘭德與他的同夥，卻被送入了精神病院，並在此遇見因為編寫一篇與耶穌有關的歷史小說而產生精神病，繼而離開愛人瑪格麗特，同樣被關進精神病院的「大師」。之後撒旦找上了大師的愛人瑪格麗特，要她成為魔鬼舞會的女主人，並賜給她超能力，還答應實現她任何願望。於是瑪格麗特請求撒旦救出大師。最後在撒旦的幫助下，大師被救出精神病院，與瑪格麗特一起飛離陷入火海的莫斯科。

在小說中，撒旦有一隻巨大的惡魔黑貓（書中說他跟野豬一樣大）僕人，是為了還清自己的債務而作為撒旦在莫斯科旅行時的隨從服務他，這隻惡魔貓的名字在很多翻譯小說中都被翻譯為「河馬」，但事實上原文的翻譯應該是「貝西摩斯」。他會像人一樣站著用兩條腿走路，可以短暫變成人形。喜歡伏特加、槍和諷刺他人。

由於《大師與瑪格麗特》是世界名著，所以也有學者在研究這本書，有人認為貝西摩斯的角色設定是出自蘇聯另一本以黑貓當主角的小說，也有人認為這隻黑貓的形象來自於對一塊黑色大岩石的想像，但無論如何，蘇聯人對這隻黑貓的愛是無庸置疑的，布爾加科夫故居博物館前還幫他也立了一座雕塑。

版權歸屬於：Nigar Alizada/Shutterstock.com

文化、
趣事與貓

　　埃及神話的一大特色就是神祇多以動物作為其象徵，形象多為人身搭配上動物的頭，像是鷹首人身的太陽神──拉（Ra）、羊首人身的造物之神──庫努牡（Khnum），以及有名的貓首人身女神──芭絲特（Bastet）。

　　芭絲特大約在埃及的第二王朝時受到埃及人的崇拜，當時埃及還分為上埃及與下埃及兩個不同的政權，芭絲特是下埃及的戰爭女神，與其相對，上埃及的戰爭女神是獅頭人身的塞赫麥特（Sekhmet），兩位戰爭女神恰巧都是貓科動物，或許就是因為貓科動物的狩獵技巧讓古埃及人印象深刻，因此才會將芭絲特定位為戰爭女神。之後在埃及的發展中，由於兩位女神的象徵太過相似，芭絲特逐漸從戰爭女神變為家庭守護神，與埃及人民更加親近。塞赫麥特則逐漸被塑造成嗜血、攻擊力強大，甚至有「屠殺夫人」之名的神祇。傳說古埃及時期，若是殺死一隻貓，不論有意或無意，都會受到嚴重的刑罰，甚至是死刑。假如家中失火了，人們會優先救貓。若是家貓去世，飼主會將貓屍用亞麻布包裹，做成木乃伊，期望來世再次成為家人，這一點可以由埃及出土的貓木乃伊作為證明，讓人不禁感慨貓咪就是正義啊！

　　值得一提的是，據說原本貓咪並不是那麼喜歡靠近人類，因為貓咪很排斥人類的體味，而古埃及人會特別得到貓咪的青睞，就是因為他們知道如何把香料當作香水使用，遮掩體味，所以貓咪大人才願意靠近古埃及人。而古埃及人愛護與尊敬貓咪也是出了名的，據說波斯人入侵埃及時，因為知道埃及人崇拜貓咪，所以特別將貓咪與其他埃及神祇代表動物帶上戰場，充當軍隊的肉盾，甚至將貓咪綁上盾牌，讓埃及人整場戰爭打得綁手綁腳，最終輸了這場戰爭。

061 十二生肖為什麼沒有貓
因為貓咪中了老鼠的詭計，從此開始貓鼠不兩立。

　　華人文化中有十二生肖，對應十二地支，在男歌手王力宏的歌曲《十二生肖》的歌詞中，就有提到子鼠、丑牛、寅虎、卯兔、辰龍、巳蛇、午馬、未羊、申猴、酉雞、戌狗、亥豬。那麼為什麼十二生肖中有老鼠、有狗，卻沒有貓咪呢？

　　這邊分享一個傳說故事。在上古時代，人類沒有記錄年月的方式，耕作上非常不方便，因此向玉皇大帝祈求幫助。於是玉皇大帝就想以十二種動物當作每一年的代表，幫助人類計算年月，所以他決定辦一場渡河比賽，挑選十二隻最快渡河的動物當作年月代表。小老鼠和貓咪原本是好朋友，但是他們不會游泳，所以跟好心的水牛約好，請水牛幫忙載他們渡河，然後將第一名的位置讓給水牛。到了比賽當天，水牛依約載著早起的小老鼠和貓咪一起渡河。在水牛的背上，小老鼠想著，第一名的寶座按照約定要讓給水牛，自己又沒有貓咪這麼靈活，可能只能搶到第三名，他不甘心，於是就在水牛渡河到一半時，走到水牛的後面，指著河水告訴貓咪水裡有他最喜愛的魚，要貓咪趕快來看。貓咪不疑有他，剛靠到水邊時，就被小老鼠推到河水裡了。水牛也沒有發現貓咪落水，就繼續帶著小老鼠往河邊游去。快到河邊時，小老鼠違背諾言，直接從水牛頭上跳到岸上，成為了第一名渡河的動物，水牛只好排第二。結果跌入河水裡的貓咪拚命掙扎，好不容易到達岸邊，十二個名額早就已經滿了。從此以後貓咪恨小老鼠入骨，每次看到小老鼠都要抓他。也因為貓咪不會游泳，卻被小老鼠推到河水中，差點溺斃，所以貓咪只要看到水就會想到自己在河水中痛苦掙扎的回憶，從此變得特別怕水。

　　在越南也會使用十二生肖紀年，可是越南的十二生肖是有貓咪的，有一說是十二地支中的「卯」音與「貓」相似，所以就用貓咪來取代兔子了。

因為漫威電影的關係，相信大家對於北歐神話都不陌生。在北歐神話中有兩大神族，分別是阿薩神族與華納神族，兩個神族曾經彼此敵視。索爾、洛基都屬於阿薩神族，祂們的父親奧丁，就是阿薩神族的主神。之後由於諸神厭倦了無謂的廝殺，所以彼此和談並互換人質。我們要介紹的就是來自華納神族，與家人一起被當作人質送到阿薩神族的女神──芙蕾雅（Freyja）。

芙蕾雅的父親是華納神族的海神──尼奧爾德，芙蕾雅是愛神、戰神與魔法之神，也是掌管豐饒、生育以及愛情的神。芙蕾雅有專屬的戰車，這輛戰車由兩隻貓咪負責拉動。其中一隻貓咪的名字是比古爾（Bygul），意思是「蜜蜂的金子」，或是「蜂蜜」；另一隻的名字是特里古爾（Trjegul），意思是「樹的金子」，或是「琥珀」。

據說這兩隻貓咪是雷神索爾送給芙蕾雅的，有一次索爾駕著祂由兩隻山羊拉著的戰車轟隆隆地往河邊去釣水龍，結果經過芙蕾雅住處時把祂從睡夢中吵醒，因此被芙蕾雅訓了一頓。等到索爾好不容易到達河邊開始釣水龍，不知道從哪裡傳來很溫柔又好聽的歌聲，差點把索爾拉進夢鄉。突然驚醒的索爾心生不妙，於是立刻循著聲音進行調查，最後發現樹上有一隻貓爸爸正在用歌聲哄他的兩個孩子入睡。索爾覺得這兩隻在睡覺的幼貓很適合送給芙蕾雅作為禮物，就打算把這兩隻幼貓帶走，貓爸爸當然不肯，於是跟索爾起了爭執，沒想到索爾講不過就出手攻擊貓爸爸，貓爸爸情急之下變身成鳥逃走了，因此索爾就將兩隻幼貓帶走，並送給了芙蕾雅。

北歐神話中有提到芙蕾雅的丈夫──奧德，對於愛情不是很專一，也容易厭倦長時間待在同一個地方，因此沒有留下隻字片語就離開芙蕾雅。弗蕾雅為了尋找祂的丈夫，毅然決然駕起戰車，與兩隻貓咪一起展開長途的尋夫旅行。

063 兩隻尾巴的貓
日本知名的貓咪妖怪，藉著動漫文化傳播到全世界。

　　貓又（ねこまた），又被稱為貓股，是日本怪談（鬼故事）與隨筆中記載的一種貓咪妖怪，據說這種貓咪妖怪有分岔的兩根尾巴，一般是山中的野獸，也可能是家中養的老貓化形而成。

　　日本鎌倉時代後期，有一本很有名的隨筆作品《徒然草》，被稱為日本三大隨筆之一，其中第八十九段就有記載一篇貓又害人的故事。到了江戶時代，可以說是日本怪談發展最蓬勃的時代，其中《宿直草》，記載一篇深山裡出現的貓又化為人形的故事。之後，貓又的體型還隨著故事的盛行逐漸增大，出現像是捕捉到跟野豬一樣大的貓又，或是貓又的鳴叫聲響徹整座山等等記載。同一時代也出版了不少妖怪的畫冊，例如畫家佐脇嵩之的作品《百怪圖卷》，其中繪製了一張演奏三味線的和服女子貓又。另一位畫家鳥山石燕的《畫圖百鬼夜行》則畫了會用兩隻腳站立行走的貓又。也由於這些怪談的盛行，據說日本當時飼養貓咪的飼主，為了不讓貓咪年紀大了變為貓又作祟，會特別幫家中的幼貓「斷尾」，他們相信這樣貓咪就不會變成貓又了。

　　到了近代，貓又廣泛出現在日本的動漫文化中，出現的貓又形象大多都是良善的，角色的設定也偏向有靈力的可靠助手或冒險的夥伴，例如風靡全球的《精靈寶可夢》中的太陽精靈，其兩根尾巴的形象就是來自於貓又；《妖怪手錶》中的吉胖喵也是貓又。此外，日本也有不少傳說曾經有貓又出沒或作祟的地點，相當吸引喜愛怪談的人士前往觀光遊覽，像是位於富山縣魚津市與黑部市之間的貓又山，當地的黑部峽谷鐵道還設有貓又車站；在新潟縣上越市，據說曾經出現像小牛一樣大的貓又作祟，在討伐作祟的貓又後，後人在埋葬貓又的貓又塚上蓋了一座稻荷神社祭祀，因此該神社還有貓又稻荷神社的別名。

　　招財貓（招き貓）是日本常見的貓咪擺設，貓咪的其中一隻手會高舉至頭頂，做出好像要叫人過來的樣子，另一隻手會放在寫著千萬兩的金幣，或是代表財運的寶物上。那麼為什麼是採用貓咪的樣貌而不是招財狗呢？據說是因為江戶時期推廣養蠶，貓咪會驅趕養蠶人最討厭的老鼠，因此當時的日本人會製作貓咪的裝飾品作為緣起物（吉祥物），希望能嚇阻老鼠並祈求事事順利。之後養蠶業沒落，這些貓咪緣起物也逐漸被賦予祈求商業繁榮的重責大任，成為了商界的緣起物。

　　關於招財貓的由來，在日本也是眾說紛紜。例如傳說在江戶時期，有位老婆婆住在淺草，生活相當困苦，最後不得不棄養她的愛貓。就在棄養那晚，貓咪來到老婆婆的夢中對她說：「只要把我的樣子作成土偶，就會為你帶來福氣！」老婆婆醒了之後，就按照愛貓的樣子作成了貓咪模樣的今戶燒來販售，想不到廣受好評，老婆婆的經濟狀況也跟著變好。還有傳說日本井伊家的井伊直孝，某日打獵路過豪德寺，看到寺裡飼養的貓咪在向他招手，便走入廟裡，正巧躲過一場突來的雷雨，因此這隻招手的貓咪就成為招來好運的代表了。

　　在臺灣流傳比較廣的是「越後屋招財貓」的故事，這個故事出自日本漫畫家——奈知未佐子女士的短篇作品《貓咪的金幣》。故事說有一個富二代（越後屋）將家產敗光，他有一隻特別喜歡的貓咪，名叫小玉。這隻貓咪為了拯救倒閉的越後屋，就和神明祈禱，用自己的生命換來金幣幫助越後屋，想不到這個富二代辜負了小玉，直到小玉犧牲了自己剩下的生命，換來最後幾枚金幣，富二代才清醒過來，從此發憤努力，終於重振家族的榮光。因為越後屋總是在門前放一尊貓咪拿著金幣的雕像，所以人們也學著越後屋，逐漸成為了現在看到的招財貓。

長靴貓是來自於歐洲的童話故事,早在一六三四年就有紀錄,有不同的版本流傳下來,這裡分享其中一個故事版本。

有個磨坊主人共有三個兒子,磨坊主人過世後留下磨坊、一頭驢子和一隻貓咪。磨坊被分給老大,驢子分給老二,貓咪則分給名叫漢斯的老三。漢斯原本想要把貓咪做成手套,想不到這隻貓咪竟然會說人話求饒,並保證自己有辦法讓漢斯過上好日子,於是跟漢斯要了剩下的錢幫自己買了一雙靴子、獵戶裝和布袋。穿上長靴的貓咪跑到森林裡,利用布袋抓了一隻雉雞,送到國王的皇宮,並跟國王說這隻雉雞是他的主人「貴族卡拉巴」(也有說卡拉巴爵士)要送給國王的。之後,長靴貓又分別抓了各種不同的獵物到皇宮送給國王,幫他的主人搏得國王的好感。

有一天國王出巡,正好經過漢斯他們家附近,長靴貓立刻要漢斯脫光衣服跳到湖裡面去游泳,等國王到了附近之後,長靴貓趕緊跑出來向國王說,他的主人在湖邊游泳,結果衣服被小偷給偷走了,請求國王給他一套衣服穿,於是國王就給了漢斯一套華麗的衣服,並且邀請他一同搭乘馬車,親自護送漢斯回去。長靴貓趁著這個時候,趕到了住著邪惡巫師的華麗宮殿,用激將法使邪惡巫師表演變身術,並趁巫師變成小老鼠時,大口一張把小老鼠吃掉了。當國王一行人到達的時候,看到了華麗的宮殿以及在門口迎接的長靴貓,於是國王更加相信漢斯是優秀的貴族青年,就把公主許配給漢斯,從此之後長靴貓與漢斯就一起過著幸福快樂的日子。

在二〇一一年的時候,夢工廠發行了 3D IMAX 電腦動畫冒險喜劇片《鞋貓劍客》(Puss in Boots),故事的主角「鞋貓」,其形象就是取材自長靴貓。新的故事情節,賦予了這隻貓更多的俠客風骨。

版權歸屬於：Featureflash Photo Agency/Shutterstock.com

066 微笑貓
會在空中慢慢消失，留下露出牙齒微笑的幻想貓。

　　微笑貓的正確名稱應該是柴郡貓（The Cheshire Cat），出自英國作家路易斯·卡羅創作的《愛麗絲夢遊仙境》（Alice's Adventures in Wonderland）一書中。由於一九五一年時，迪士尼出版的愛麗絲夢遊仙境動畫，賦予微笑貓的卡通形象太過強烈，像是會在空中飛來飛去，一會消失一會又出現，身體還可以分階段慢慢消失不見，最後留下露出牙齒的微笑等等，因此在非英語系國家，大家都會稱這隻貓咪為「微笑貓」。

　　微笑貓於《愛麗絲夢遊仙境》的第六章登場，是公爵夫人飼養的貓，當愛麗絲好奇詢問公爵夫人為何這隻貓會笑時，公爵夫人告訴愛麗絲所有的貓都會笑。而微笑貓在指引迷路的愛麗絲時，與愛麗絲的對話更是富有哲理。在第八章，愛麗絲走進了紅心王后的槌球場之後，微笑貓再次出現，紅心國王看到微笑貓便想要把他趕走，王后則認為應該砍掉微笑貓的頭，於是王后、國王與劊子手三人為了如何砍掉沒有身體的微笑貓的頭而激烈爭吵，微笑貓則是露出他的招牌微笑，看著三個人耍猴戲，然後消失不見。在二〇一〇年，華特迪士尼影業發行了真人版的《魔境夢遊》（Alice in Wonderland）電影，由 3D 技術製作出的微笑貓更是吸引許多人的目光。

　　有趣的是，其實在原版的故事中，女主角愛麗絲有養一隻名叫「黛娜」（Dinah）的貓，在書中第二章，愛麗絲身體縮小，於她的淚水變成的汪洋中碰到一隻小老鼠，在跟小老鼠閒聊的時候一直提到自己養的貓，結果觸怒了小老鼠。因為微笑貓實在太有名了，反而沒有什麼人記得黛娜的存在。

067 竊聽貓
因為太過自我主義而沒有戰力。

二〇〇一年時，美國 CIA 解密了一份關於「竊聽貓」（Acoustic Kitty）的計畫檔案。美國在六〇年代冷戰時期，曾經嘗試訓練貓咪間諜來蒐集克里姆林宮和蘇聯大使館的情報，因為計畫主持人認為貓咪具有吸引人的特質，沒有人會特別警惕貓咪，很輕易就能進入一般人無法接近的地方，像是政要的臥室或書房等，畢竟誰會相信看起來那麼無害又可愛的小貓咪是間諜呢？

在計畫通過並獲得研究經費之後，研究人員在貓咪的耳道裡植入了晶片和迷你無線電發射器，並在貓咪的皮下組織植入了導線天線，確保貓咪無論到了什麼地方，都可以將身邊環境裡的所有聲音通通記錄下來，傳送給負責監聽的情報人員。接著研究人員開始訓練這些貓咪，並嘗試將這些貓咪放在蘇聯大使館附近，讓他們自己爬進大使館，潛伏在花園中紀錄蘇聯官員的談話內容。可是，貓心難測，研究人員監聽到的大多數聲音都是鳥叫或狗吠，因為這些貓咪耐不住飢餓而擅離職守，四處溜搭找食物。所以研究人員又花了五年時間，耗費約兩千萬美金，終於藉由「減低飢餓感」手術，成功訓練出第一隻「間諜貓」。

研究人員將剛剛結訓的間諜貓帶到華盛頓特區的某處公園，並要這隻貓咪走到兩個坐在公園聊天的蘇聯人附近，接收他們的談話內容。沒想到這隻間諜貓才剛被放出來走沒幾公尺，就立刻慘遭一輛疾駛而過的計程車輾斃，隨著呼嘯而過的車聲，五年的時間與兩千萬美金就這樣跟著隨風而逝了。後續其他的試驗，也都以失敗告終，因此這個計畫在一九六七年被取消。不過前 CIA 技術開發部主任有發表過聲明：「計畫會停止的原因，是因為貓咪的行為模式實在太難訓練。目前流傳關於間諜貓遭輾斃的訊息純屬無稽之談。事實上，該位間諜貓身體內的設備在計劃取消後被全數取出，從此過著幸福快樂的日子。」至於這個聲明可信與否，就見仁見智了。

竊聽貓解密
文件

在開始介紹貓咪永動機之前，還是要先跟各位做個告知，這只是一個彼此矛盾的惡搞悖論，又稱為奶油貓悖論（Buttered cat paradox），沒有任何一隻貓咪真的被做成永動機。

永動機的意思是，不需要額外輸入能量，像是裝進電池或是使用人工給予動力，便能夠自己不斷運動並且對外做功的機械。歷史上人們曾經熱衷於製造各種類型的永動機，不過在熱力學體系建立後，學術界普遍認定永動機與熱力學基本原理相悖，因此將之從正統學術界中排除。目前網路上宣稱成功的永動機，大多都是有問題且無法經過驗證的騙局。

貓咪永動機的概念是來自於兩個有趣的觀察現象，第一個是貓咪一定是四隻腳朝下著地，第二個是每次吐司若是掉到地上，都是抹奶油或果醬的那一面會貼到地面（事實上 Discovery 的流言終結者做過實驗，吐司哪一面掉到地面的機率或許跟高度有關），於是就有人提出了，若是將吐司塗奶油的那一面，背對著綁在貓咪的背上，會發生什麼事情呢？一邊是要把奶油面朝向地面墜落的吐司，另一邊是四隻腳要著地的貓咪，兩者在掉落地面前會互相影響拉扯，那麼這個狀況將導致反地球引力的作用發生。在貓咪與吐司於半空中落地之前，會逐漸到達一種恆穩狀態，微微漂浮在地面上並進行高速轉動，使得吐司沒有塗上奶油的一面和貓咪的背部都無法接觸地面。

這個有趣的概念在二〇一二年時，被一家能量飲料公司拍攝成廣告影片，在 YouTube 搜尋關鍵字「Flying Horse—Gatorrada (Cat—Toast)」，就可以看到虛構的貓咪永動機是什麼樣子。

069 加菲貓

像人一樣愛吃又懶惰，偶爾還會惡作劇的世界名貓。

　　《加菲貓》（Garfield），是吉姆‧戴維斯創作出來的美國貓咪漫畫。首部加菲貓漫畫於一九七八年六月十九日發表。戴維斯本身是一位幽默漫畫家，但是他的作品在當時並不是很受到歡迎，於是戴維斯就去觀察市面上的漫畫作品，赫然發現與貓咪相關的漫畫不多，所以戴維斯就用他小時候與農場裡二十五隻貓咪共同生活的經驗，創造出了加菲貓。

　　加菲貓在漫畫中被賦予橙色的異國短毛貓形象。喜歡吃東西，特別是千層麵，討厭的食物是葡萄乾，非常喜歡睡覺或是攤在沙發上看電視。當然，心血來潮時就會捉弄一下家中的其他成員，例如寵物狗歐弟和他的飼主老姜，或是把隔壁那隻多話的貓捆一捆打包好寄到遙遠的地方。加菲貓是不捉老鼠的，因為加菲覺得抓老鼠是很麻煩的事情，不光如此，他還會指揮家中的老鼠幫他做事情。加菲最喜歡的寶貝是一隻泰迪熊玩偶，最討厭的是星期一，因為加菲認為星期一會為自己帶來壞運（除非當天是他的生日）。

　　隨著作品的發展，加菲貓心理與行為的設定跟人類越來越相像，以至於加菲貓也開始隨著時間「進化」，例如原本漫畫中加菲胖嘟嘟的身材就有做過調整，使臉型輪廓變得更加突顯；還有原本加菲都是瞇著眼睛看人，後期眼睛也變大了；最大的不同是，加菲從原本用四隻腳走路改為兩隻腳，根據作者的解釋，這樣的改變是為了讓加菲貓可以空出雙手來做出更多動作行為，像是拿食物、推開歐弟等等。而漫畫中設定的加菲貓是不會說話的，加菲的對話都是用想像，也就是所謂的心裡話作呈現。不過在電影版中，除了歐弟以外，所有的動物都會說話。

　　在作者的出生地，美國印第安那州的馬里昂，豎立了很多加菲貓的塑像，除了用來紀念這隻世界名貓外，也吸引不少加菲迷拜訪。

吉姆‧戴維斯於美國洛杉磯舉行的加菲貓電影首映會留影。
版權歸屬於 Tinseltown/Shutterstock.com

宋卡府位在泰國的南部,因為有湖有海,有山有景,有美食有文化,所以很受到國外觀光客的青睞。這裡有幾座知名的雕像,每座雕像都有故事,例如海岸邊的人魚雕像、被觀光客戲稱為尋龍之旅的龍頭、龍身、龍尾雕像,以及一座貓與鼠的雕像。這座貓與鼠的雕像,分別代表宋卡府兩座被稱為「貓島(Ko Maeo)」和「鼠島(Ko Nu)」的島嶼。

有關貓鼠島的故事其實有幾個不同版本,當地導遊在跟遊客介紹時,不外乎會提到幾個關鍵字,分別是貓、老鼠與魔水晶,分別對應當地的貓島、鼠島與鑽石沙灘(Hat Sai Kaco Beach)。在流傳最廣的故事裡還有提到一條狗,故事大意是說,一艘來自中國的舢舨上有一條狗、一隻貓與一隻老鼠,他們的主人有一顆擁有不可思議力量的魔水晶,於是狗與貓鼠共同密謀偷走魔水晶。當他們得手後,卻在往岸上游泳逃跑時,因為體力不繼,貓與老鼠相繼溺斃在海中,化為貓島與鼠島,而狗雖然最後有成功上岸,但是也用盡了所有力氣,在岸上嚥下最後一口氣,化為考唐關山(Khao Tang Kuan Hill),魔水晶則因為破損而碎裂成鑽石海灘。

另外一個版本的故事是說,貓和老鼠原本由某位天神飼養,但是有天老鼠竟然趁著天神不在時,將天神重要的魔水晶偷走下凡。得知消息的天神立刻下令讓貓去將老鼠和魔水晶帶回來,結果貓在捉到老鼠時,因為咬著老鼠的尾巴,使得老鼠受痛驚叫,讓嘴上叼著的魔水晶從高空掉落地面摔成碎片,成為鑽石海灘。看到重要的魔水晶變成碎片,憤怒的天神就施咒將貓和老鼠幻化成海灘外的兩座島嶼,讓他們永遠守著魔水晶的碎片。

版權歸屬於：Mohd Nasri Bin Moha Zain/Shutterstock.com

　　如果你是研究藝術或熱愛法國巴黎的人，那你一定聽說過知名的黑貓夜總會（Le Chat Noir）或是看過多個博物館收藏的海報「Tournée du Chat Noir」。

　　黑貓夜總會是十九世紀巴黎著名的卡巴萊夜總會，也就是結合喜劇、歌曲、舞蹈及話劇等娛樂表演的夜總會，由魯道夫‧薩利斯於一八八一年開業，並於薩利斯過世後不久，一八九七年結束營業。黑貓夜總會獨有的文化與特色，催生了其他國家文化圈的相繼仿效，分別開設了類似的餐廳或夜總會。

　　魯道夫‧薩利斯的職業是酒商，同時也是一位藝術家，身兼夜總會的主持人，語出辛辣。據說這間夜總會原本的名字並不叫做黑貓，會被取名為黑貓的原因，是薩利斯在準備開業的前一天晚上，想到夜總會做最後的確認，結果不小心驚擾到一隻正在昏暗路燈下休息的黑貓。這隻黑貓看起來又餓又累，所以薩利斯收留了他，為了紀念這段偶遇，逐將夜總會的名字改為黑貓。不過也有另一個版本的故事是說，黑貓是不請自來的，並且自顧自的把夜總會當作自己家，所以薩利斯和員工決定把夜總會取名為黑貓，期望他能為夜總會帶來好運。可惜，雖然這間黑貓夜總會因為某隻黑貓而得名，卻沒有留下多少資料幫這隻黑貓做見證。

　　黑貓夜總會是當時法國文人雅士們的聚集地，在這裡的每一個人不是知名作家就是藝術家、作曲家等等。在文獻上有記載，第一批來這裡的文化分子自稱為「Les Hydropathes」，意思是討厭水派，代表他們是不喝水的，只喝啤酒或葡萄酒。這些人會在黑貓夜總會欣賞表演、討論國家局勢、藝術美感，激盪更多的創意，也因此打開了黑貓夜總會的知名度。據說知名畫家畢卡索，就因為來不及在薩利斯還活著的時候到這裡拜訪，而深感遺憾。

版權歸屬於：Deatonphotos/shutterstock.com

貓主席

諧音梗發展成的虛擬偶像。

　　中國共產黨創始人兼中國人民解放軍和中華人民共和國的領導人——毛澤東，終身擔任中國共產黨中央委員會主席、中國共產黨中央軍事委員會主席，所以被尊稱為毛主席。由於「毛」這個字的漢語拼音為「mao」，正好跟「貓」這個字的漢語拼音「mao」相同，因此有些外國人剛聽到 Chairman Mao（毛主席）這個詞的時候，會誤以為中國出了一位貓主席，所以名製作人凱文（Kevin McCormick）根據這個諧音所產生的美麗誤會，創作出了「貓主席」系列作品（可能是為了避免引起無謂的麻煩，官方將其命名為 Chairman Meow，翻譯過來應該是喵主席，不過網路大眾還是習慣稱其為貓主席）。

　　貓主席被設定為「戰士詩人」，是擁有無限智慧與富有戰鬥力的不朽之貓，具有激勵數以千計人民的魅力。當貓主席出生時，天有異象，出現了兩道彩虹與新的星座。貓主席具有在歷史長河中不斷轉世的能力，他最新的化身於二○一七年的日全蝕時誕生。貓主席有九條命，他的父親是天外之貓，是光榮的貓咪革命先鋒。貓主席同時擁有許多頭銜，例如「必勝的鐵腕指揮官」、「生命的太陽」、「（毛茸茸的）民族之父」、「貓咪革命的常勝將軍」與「毛毛的情人」等等。

　　至於貓主席為什麼要進行貓咪革命呢？因為人類本性貪婪，有自我毀滅的傾向，不但積極擴張核武，還大量耗費地球的資源，所以貓主席會在最關鍵的時候，揮爪起義，推翻人類並控制這個星球，迎來和平，建立黃金時代。支持貓咪革命的人類將可以獲得理想的工作，像是捕撈鮭魚以及種植貓薄荷，反抗貓咪革命的人則終其一生都只能做些貓屎般的事，並送到鹽礦進行勞改。

星空浩瀚無垠，相信您一定聽過很多關於星座的故事，不論是雙魚座、金牛座、牡羊座、獅子座、天鵝座等等，幾乎所有的人事物都能在璀璨星空中找到可以彼此相連的星體，勾勒出相似的外型，然後再由想像力豐富的古人賦予一個有趣的故事，永遠傳承下來。

不過星星的故事那麼多，如果獅子座不算，好像就沒聽過其他有關貓咪的星座了。事實上，星空中還真的曾經有過那麼一個「貓座（Felis）」，這個星座位於唧筒座和長蛇座之間，由法國天文學家拉朗德創建。這位天文學家不只是星象專家（他也有參與到天王星的命名），同時也是虔誠的貓奴，他研究了一輩子的星空，卻從來沒有看過專屬於貓咪的星座，這成了他心中不可磨滅的遺憾，於是乾脆自己規劃星空，創建出貓座，聊表慰藉。一八〇一年時，德國柏林的天文學家約翰收到拉朗德寄來的星座座標，就將貓座收錄到當年出版的星象圖裡。不過因為這個星座畢竟是玩票性質比較大，因此又逐漸從星象圖中被移除。

但是如果您喜歡看星象圖的話，或許曾經在星象盤上看過「天貓座（Lynx）」這個名字。天貓座位於大熊座與雙子座之間，對北半球來說屬於冬季的星座，亮度不太好辨識。

這個星座其實是用來紀念希臘神話卡呂冬狩獵與阿耳戈船英雄中的英雄—林寇斯（Lynceus）。故事中，林寇斯的視力非常銳利，能穿透地表與岩石，甚至能看到陰間的事物，就如夜晚的貓咪一樣。據說由於天貓座非常不容易用肉眼看到，因此當初天文學家在命名時，也有期許後人能有林寇斯般的視力來挑戰觀測這個星座的涵義在。

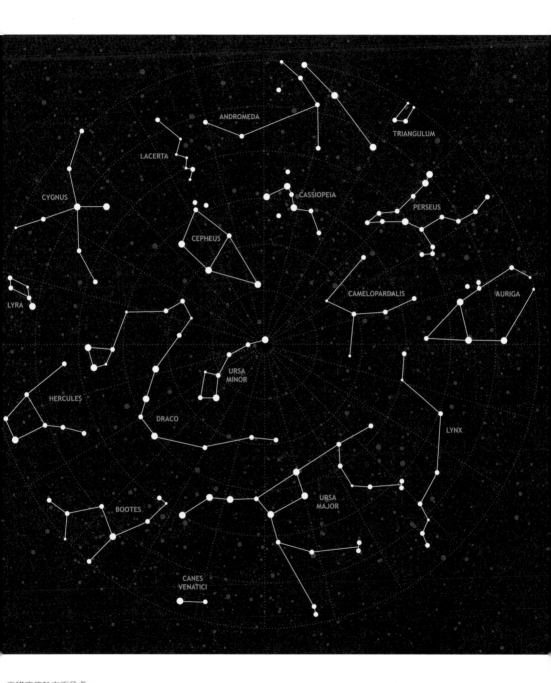

ANDROMEDA

TRIANGULUM

LACERTA

CYGNUS

CASSIOPEIA

PERSEUS

CEPHEUS

LYRA

CAMELOPARDALIS

AURIGA

URSA MINOR

HERCULES

DRACO

LYNX

BOOTES

URSA MAJOR

CANES VENATICI

天貓座位於右下角處。

版權歸屬於：Alexander Chizhenok/Shutterstock.com

163

日文中有「猫に小判」這個用語。「小判」是日本江戶時代流通的金幣，「猫に小判」直接翻譯過來就是「給貓金幣」。因為貓不懂金幣的價值，所以這句話用來比喻將好東西給不會欣賞的人，浪費了物品的價值，類似於我們說的對牛彈琴。不過，在現實生活中，還真的有人給貓金幣，而且給的還是鉅額款項。

現在人養寵物已經不像以前人的觀念是「隨便養，隨便大」，而是像在養育自己的孩子一樣給予無微不至的照顧，所以寵物又被稱為「毛小孩」。金氏世界紀錄記載，有一位名為班‧雷的英國人，在一九八八年去世後，留下了七百萬英鎊給他飼養的黑貓布萊提（Blackie），也是他飼養過的十五隻貓中，最後還活著的一隻。這位英國人拒絕將財產留給家人，而是分成三份，分別提供給三間慈善團體，並要求他們好好照顧布萊提。

位於美國田納西州的一位退休企業家——謝柏德（Leon Sheppard Sr.）在二〇一二年辭世，依照他的遺囑，將約二十五萬美金和一棟一百二十坪的豪宅留給兩隻愛貓佛利斯克（Frisco）和傑克（Jake）。

此外，義大利的地產大亨瑪麗亞‧雅桑塔，也在她九十四歲高齡過世後，將她的遺產留給愛貓托瑪索（Tommaso），瑪麗亞的遺產大部分都是房地產，粗估價值約一千三百萬美金。托瑪索原本是在街頭流浪的貓咪，後來因緣際會誤闖到瑪麗亞家中，之後被丈夫早逝、膝下沒有子女的瑪麗亞收養。原本瑪麗亞是要求律師協助尋找信得過的動保團體，將財產捐贈給他們，讓他們照顧托瑪索，無憂無慮地度過下半生，但是一直沒有找到適當且信得過的動保團體。後來是由瑪麗亞的私人看護接手照顧托瑪索，因為瑪麗亞認為這個看護可以信任，有養貓的經驗，托瑪索跟她也相處得很好。

075 大胖貓
貓咪過胖容易引發心血管及氣管疾病,降低平均壽命。

　　在英國,讓寵物體重過重的飼主會被視為虐待動物,是犯法的。要怎麼知道貓咪有沒有過重呢?正常的貓咪體重,公貓大約是四至五公斤,母貓大約是三至四公斤,不過這個數值有品種差異,所以也可以使用觸摸法來檢查貓咪的體型,只要貓咪從背部往下看肋骨的部分不明顯,但是從身體兩側可以摸到肋骨就是正常體型,若是感覺摸到的都是肉,那就太胖啦!

　　近代因為過胖而出名的貓數量也不少,像是有一隻名叫喵喵(Meow 或是 Meow the obese cat)的貓,他的體重超過十八公斤。喵喵後來因為飼主的年紀也高了,無法照顧喵喵,所以被送到聖達菲人道動物收容所,所方為喵喵設計了一整套的減重課程,希望能幫他減掉十磅左右的重量,讓喵喵有機會得到其他愛心家庭的接納。不過在課程進行後不久,所方發現喵喵有氣管與心血管方面的問題,所以減重計畫只能喊停,喵喵也在到收容所後的兩個星期走上彩虹橋。

　　但是喵喵還不是有史以來最重的貓。另一隻來自澳大利亞的虎斑貓希米(Himmy),體重超過二十一公斤,需要手推車幫忙才能移動,並在十歲的時候去世。美國有一隻被暱稱為大隻王子(Prince Chunk)的貓咪,體重差不多是十八公斤。金氏世界紀錄從一九八六年開始,不接受任何世界上最重動物的認證申請,避免有飼主故意過量餵食的惡意行為發生。

　　一般過重的貓咪比較難活到該品種的平均歲數,貓咪就跟人類一樣,新陳代謝會隨著年齡變差,加上上了年紀的貓咪比較不愛動,所以更容易變胖。建議飼主可以每天固定帶貓咪進行一些訓練互動,並改善飲食方式,以少量多餐的方式控制貓咪的熱量攝取,不要再使用貓食吃到飽或是隨手拿東西給他們吃的方式餵養,畢竟我們都希望愛貓能陪伴我們長長久久不是嗎。

眾所皆知，西方人對於十三這個數字有所忌諱，他們認為這個數字是不祥的，就像華人不喜歡四一樣，因此西方人會儘量避開十三。

英國倫敦有一間沙威酒店（The Savoy），這間酒店因為其精緻的菜色與富麗堂皇的裝飾而出名，是英國政商名流特別喜愛大宴小酌的地方，連英國前首相邱吉爾都是這間酒店的常客。在這間酒店中，有一隻名叫卡斯帕（Kaspar）的黑貓特別有名，一但沙威酒店碰到只有十三位賓客用餐的情況時，就會請出卡斯帕擔任第十四位賓客，避開十三這個數字。據說邱吉爾特別喜歡卡斯帕，每次宴會都特別指名卡斯帕坐在自己的身邊。

事實上，卡斯帕並不是一隻活生生的黑貓，而是一件木雕作品，那麼為什麼要製作卡斯帕呢？根據飯店的介紹，在一八九八年，有一位名為伍爾夫的商人，他在沙威酒店預訂了十四人的餐會，但是臨時有一位賓客無法到場，所以總共只有十三人參加。前段有說，西方人認為十三是不吉利的，但是商人無懼謠言，依舊如常開席。結果宴會過了三個星期後，這位商人就在南非一場血腥謀殺案中，不幸中彈身亡。自此之後，可能是不想擔下詛咒宴會的惡名，酒店不再接受十三人的訂位，若是真的有不可抗力造成只有十三位賓客的狀況，酒店則會安排服務員加入餐會。一九二七年時，酒店邀請名設計師巴賽爾設計製作出了卡斯帕。之後只要碰到十三位賓客的狀況，酒店就會幫卡斯帕準備全套餐具，並幫他圍上餐巾安排入席，提供跟賓客一模一樣的美食。雖說卡斯帕是專門用來幫十三位客人解圍的，但是酒店也很歡迎賓客邀請卡斯帕一起用餐。

如今卡斯帕已經成為該酒店的吉祥物兼代言人，更擁有一間以其為名設立的燒烤餐廳。由於卡斯帕太過有名，二次世界大戰時還曾經被一群來用餐的軍官搶走，邱吉爾一聽到這件事，立刻出手將卡斯帕帶回來，也因此傳為佳話。

圖片由沙威酒店（The Savoy）提供。

　　二〇一〇年世界盃足球賽中，有一隻非常出名的章魚保羅，他神準的預測出八場球賽的贏家，命中率百分之百，成為世界焦點，被尊稱為神算保羅。當然，其他國家也有推出各自的「預言神獸」，但是命中率完全比不上章魚哥保羅。

　　那麼，預言神獸中有沒有貓呢？當然有囉，有一隻名叫阿基里斯的白貓，就是由二〇一八年世界盃足球賽的主辦國俄羅斯所推舉出來，擔任神算貓的工作，阿基里斯是俄羅斯的冬宮貓，但是因為基因的關係而完全失去聽力。官方表示，失去聽力能讓阿基里斯更加專注於其他感官上，增加其預測的準確度。

　　歷史上還有一隻名叫堅果先生（Mr. Nuts）的黑白貓，也是有名的神算貓，舉凡各種運動賽事或選舉結果都是他的業務範圍，只是這隻貓咪選擇的都不是贏家。堅果先生最有名的神算事蹟當屬二〇一二年的美國總統大選結果，當時由民主黨的歐巴馬對上共和黨的羅姆尼，兩位候選人互相拉鋸，打得火熱。堅果先生在預測的時候選擇了代表羅姆尼的盒子。別忘了，堅果先生選擇的都不是贏家，因此當選舉結果出來，歐巴馬確定連任後，堅果先生立刻成為媒體寵兒，被授予神貓的稱號。

　　不過對於動物預測，我們應該要保持參考但不迷信的態度，畢竟這些預測結果的樣本數都不大。只要樣本數量夠大，在二選一的項目中，中與不中的統計數字應該會趨近於一半一半，例如有一部播放了約九年半的美食節目《料理東西軍（どっちの料理ショー）》，節目中的兩位主持人方別代表紅隊與黃隊製作料理，然後由來賓選擇最想吃哪一隊的料理。兩隊獲勝的機率看起來似乎完全受到來賓的主觀影響，但是在最後一集的統計中，紅隊與黃隊的比數為 207 勝與 205 勝，接近對半。而且預測動物往往還會跟複雜的賭博世界扯上關係，結果不一定是好的，例如杜拜就曾經推出神駝沙欣，據說這隻駱駝成功預測出四場比賽，卻在第五場失手，慘遭輸錢的賭客殺害。

正在預測世界盃足球賽贏家的阿基里斯。

版權歸屬於：Alexander Chizhenok/Shutterstock.com

　　寵物具有陪伴與支持人心的力量，以陪伴動物作為行為及心理治療的醫學研究行之有年，陪伴動物的概念也引進世界各地，包含醫院、療養院，甚至是監獄之中。

　　美國內布拉斯加北普雷特的林肯郡看守所引進監獄貓計畫，從動物收容所認養三隻貓咪並帶進監獄中，目的在於希望大幅降低受刑人的憂鬱症狀和行為問題。這三隻原本都是認養時間超過就會被安樂死的貓，但是藉由監獄養貓計畫獲得新生，分別被取名叫做靴子、尼莫和沙吉。剛開始監獄中的受刑人非常排斥這些貓咪，還有人威脅要殺掉他們，但是過沒多久，這群喵星人就成功收服了監獄中各個老大的心，大家搶著要餵貓並幫他們鏟貓屎。因為監獄貓計畫在男子監獄效果顯著，因此也被引進女子監獄之中，但是不同於男子監獄，女子監獄的貓咪在挑選時，以親人且喜歡被抱的貓咪為主，結果這個計畫也成功讓女子監獄的受刑人們成為貓咪的俘虜，大大改善受刑人的狀況與監獄的氣氛，減低暴力問題的發生。

　　相對於改善受刑人情緒與問題行為，還有另一種監獄貓反而會造成更大且更嚴重的監獄問題。俄羅斯科米省監獄的守衛就曾經抓到一隻正準備要闖入監獄的貓，這隻貓身上被人用膠帶綁著兩個盒子，裡面裝了兩隻手機、充電器，以及耳機和記憶卡等等。其他國家也有發生過監獄貓的偷渡事件，哥斯大黎加司法部就公布過試圖偷渡手機進入監獄的貓咪照片，而且還不只一隻。由於貓咪體型嬌小，幾乎任何小洞或欄杆都能鑽過，而且藉由貓咪偷渡違禁品進入監獄，會比訪客偷渡來得有效率，也比賄賂獄警來得安全省錢，深受犯罪組織喜愛。智慧型手機是偷渡最頻繁的違禁品，除了能讓監獄中的受刑人遙控監獄外的事業，還能轉賣給其他受刑人換取利益。

079 機器貓

所有的夢想，都能夠用四次元口袋實現。

　　說到機器貓，大家第一個想到的應該就是有名的「哆拉Ａ夢」（ドラえもん）了。哆拉Ａ夢是由日本漫畫家藤子・Ｆ・不二雄創作出的兒童漫畫作品，自一九六九年十二月開始連載。

　　哆拉Ａ夢原本跟其他機器貓一樣，都是黃色貓型機器人，但是在出廠時，因為一場意外讓他的一顆螺絲掉出來，還從高空掉落，造成機體產生問題，所以他在機器人學校的成績不是很好。哆拉Ａ夢的耳朵在某次午睡時被機器鼠咬壞，進廠維修時又被技術不好且耳朵有問題的醫生給整個切除。哆拉Ａ夢的女朋友哆啦咪子因為哆啦Ａ夢的耳朵而嘲笑他，哆啦Ａ夢原本想要使用道具「元氣之源」來提振精神，卻錯拿成「悲劇之源」，於是整整哭了三天，哭到全身掉漆，聲音也變的沙啞，成為現在我們所認識天真好說話、緊張起來就找不到道具、沒有耳朵、怕老鼠、全身藍且聲音沙啞的哆啦Ａ夢（出自電影版《2112年哆啦Ａ夢誕生》）。補充幾個冷知識，哆啦Ａ夢還有個妹妹叫哆啦美，她因為不想讓哥哥看到自己的耳朵而想起傷心事，所以就把耳朵改成蝴蝶結。哆拉Ａ夢時常被誤認為藍色狸貓，但是在美洲國家，哆拉Ａ夢是被誤認為長腿海豹。

　　那現實世界中有沒有機器貓呢？有的！美國的玩具大廠「孩之寶」就有推出機器貓喬伊（Joy For All），售價不到一百美金。這款機器貓的擬真程度很高，互動性也很強，內建多種感應器，只要撫摸機器貓的臉頰，他就會用頭磨蹭主人的手掌；撫摸其他部位，像是後頸、背部，就會舒服的翻身露出肚子（雖然真實的貓咪露出肚子並不完全是代表舒服）等等。孩之寶將喬伊設定為用來陪伴年長者的機器寵物，目前正在研究更多實用的AI功能，例如提醒長者吃藥、代辦事項與生活關懷等等，「孩之寶」還預計推出更多進階版的喬伊。

版權歸屬於：cytoplasm/Shutterstock.com

080 螢光貓

在人類的愛滋病治療上有很重要的地位。

　　基因工程是近來很夯的發展項目，可以應用在很多領域，像是農業、生物技術和醫學等等。目前有很多跟基因工程有關的產品問世，例如胰島素、基因治療藥物、生物燃料、基改農作物等等。在基因工程項目中，最多人知道的當屬「螢光魚」，就是在魚的胚胎中植入水母的螢光基因，使其發出各種不同顏色的螢光。很多人認為螢光魚只是為了觀賞所生產的，會破壞自然生態，不尊重生命，沒有意義。但其實並不是這樣，實驗動物之所以會發出螢光，是因為研究人員將水母的螢光基因當成做記號用的螢光筆，這樣當基因植入之後，只要觀察螢光的表現方式與區塊，就可以評估實驗的狀況，賞玩反而是附加價值。

　　除了螢光魚之外，還有螢光豬、螢光鼠、螢光猴，以及螢光貓等等螢光研究動物。每一個螢光動物研究都有其目的，也感謝這些動物讓人類的醫療技術更加進步。當然，一定有人無法接受動物實驗，這部分見仁見智，就不放在本篇的討論中。

　　第一隻有記載的螢光貓是來自美國的綠基因先生（Mr. Green Genes）。在螢光貓實驗成功之後，美國科學家接著利用基因改造技術，藉由螢光貓進行愛滋病的研究，並將成果刊登於科學期刊《自然─方法》（Nature Methods）。由於貓咪跟人類是世界上兩大愛滋病傳染族群，所以成為愛滋病研究的不二動物選擇。而猴子的體內有一種專門抵抗愛滋病毒的蛋白質，科學家想了解這種蛋白質是否能對貓愛滋病產生效果，於是把綠色螢光蛋白黏在帶有抗愛滋病毒的「TRIMcyp」基因上，並植入到貓咪的卵子裡，再送到母貓的子宮裡受精，觀察生出來的幼貓是否有螢光反應，確認基因是否有植入成功，接著研究這隻貓的基因是否能有效抵抗貓愛滋病。若是這個技術成功且成熟的話，未來或許就不會再有貓愛滋病，人類也能受惠。

螢光貓的介紹
影片

081 彩虹貓
不停喵喵喵喵飛翔在宇宙中，帶來和平彩虹的餅乾貓。

彩虹貓（Nyan Cat）是二〇一一年開始出現在網路上的貓咪圖像，有一隻被餅乾夾著的貓咪在宇宙中飛翔，貓咪的身後還拖曳出連綿不斷的彩虹，因此被稱為彩虹貓。

彩虹貓原本是為了募捐活動而發想出來的，創作者在記者提問發想動機時曾經表示：「我在我的直播頻道為紅十字會募捐設計圖像時，有兩個人在我的直播聊天室建議我應該畫『Pop Tart 餅乾』和『貓咪』。」所以他就從自己的寵物貓馬蒂取得靈感，將貓咪圖像與餅乾結合在一起，花了幾天的時間創作出彩虹貓的 Gif 動畫，並取名為果醬餡餅貓，之後由於網路上習慣稱這隻貓為彩虹貓，作者本身也不排斥，就正式定下彩虹貓的名稱。

彩虹貓會成為網路紅貓，除了圖像之外，另一方面也是因為他搭上了「初音未來」的創作風潮。初音未來是以 Yamaha 的 Vocaloid 2 語音合成引擎為基礎，開發出來的虛擬女性歌手軟體，發售後大受歡迎，有不少人用這套軟體翻唱與創作歌曲，分享在 Niconico 動畫（日本的線上彈幕影片分享網站），而彩虹貓原始影片所使用的背景歌曲為《喵喵喵喵喵喵喵！》，原本是初音未來的語音合成創作作品，之後由另一名 Niconico 的動畫用戶，使用 UTAU 軟體將桃音モモ的音源與歌曲合成製作出翻唱版。最後由一名 YouTube 用戶將彩虹貓的 Gif 動畫與翻唱的《喵喵喵喵喵喵喵！》合併成影片上傳到 YouTube。目前彩虹貓的影片在 YouTube 上的觀看次數已經超過一億六千萬次。

爆紅的彩虹貓除了有更多人幫他創作相關作品之外，還有專屬的遊戲與虛擬貨幣（Nyancoin）。二〇一六年時，有一款專門感染 Windows 系統的木馬病毒「MEMZ」，電腦中毒之後會顯示一段訊息：「你的電腦已經被 MEMZ 病毒廢了。現在一起來欣賞彩虹貓吧……」接著跳出彩虹貓的影片。

彩虹貓影片

　　談到電影的歷史，大家應該都知道，早期的電影都是黑白無聲的默片，之後才慢慢有了色彩與聲音。說到默片，就不能不提到戴著圓頂硬禮帽，身穿不合身的禮服，拿著拐杖，鼻子下留著一撇小鬍子的知名喜劇演員卓別林了。那麼有沒有知名的默片動畫角色呢？有，就是菲力貓（Felix the Cat）。

　　菲力貓是電影史上第一隻被創作出來的動畫角色，不過關於菲力貓的創作者是誰，至今依然沒有定論，唯一能確認的只有菲力貓是由帕特‧蘇利文工作室出品的。菲力貓被設定為白臉、黑鼻子、白色大眼，原本是四隻腳走路，之後進化為兩隻腳，思考時步伐帶有獨特動作辨識度的黑貓，由於是最早出現的動畫角色，在當時一度成為最受歡迎的動畫片明星，其作品與周邊商品獲得廣大消費者的喜愛，在商業上非常成功。不過，在有聲片開始出現之後，當時的創作者拒絕跟上電影的進步，讓迪士尼公司的米老鼠藉機竄出，逐漸取代了菲力貓的地位，當菲力貓的創作者發現支持者逐漸流失，而開始嘗試進入有聲電影世界時，為時已晚，菲力貓的作品不再受到消費者支持。之後，菲力貓逐漸從螢光幕上消失，雖然一九五九年時有動畫作品發表，但還是無法在市場上重新占有一席之地，最終在二〇一四年由夢工廠收購。

　　早期的消費者相信菲力貓能帶來「幸運」，因為「Felix」這個字有幸運與開心的意思，所以菲力貓也一度成為市場上最受歡迎的吉祥物。像是洛杉磯的雪佛蘭汽車經銷商，就為菲力貓設立了三面霓虹燈看板，已經成為當地著名的地標，只要在 Google 地圖上輸入關鍵字「Felix Chevrolet」就能找到。二次大戰時，美國空軍會將菲力貓畫在飛機上翱翔天際，如今美國第三十一戰鬥攻擊機中隊還保留著菲力貓拿著炸彈的隊徽。

版權歸屬於：Padmayogini/Shutterstock.com

083 胖吉貓
粉絲數比好幾個小國家人口數還多的插圖貓。

　　胖吉貓（Pusheen）的原名來自於愛爾蘭語，意思是小貓咪，是由居住在美國的插畫師，克萊兒・貝爾頓，依照家中的貓咪所繪製出來的插畫角色，這隻貓咪也是從收容所救援回來的貓，克萊兒參考貓咪的形體繪製出灰色的胖吉貓，在身體與尾巴上有深灰色相間的紋路，身體像果凍一樣有彈性，在作品中時常有彈來彈去的動態表現。他還有一隻長得像灰色棉花糖的貓妹妹，名字是雲雲。目前胖吉貓的真身與克萊兒的父母一起生活。

　　胖吉貓的圖像作品，最早於二〇一〇年五月，由繪者在「Everyday Cute」網站上以《Pusheen Things》發表。二〇一三年出版了第一本胖吉貓的圖文書《哈囉！我是胖吉貓！（I Am Pusheen The Cat）》，作品引進臺灣時，出版社公開在網路上為胖吉貓徵求中文名字，最後選定「胖吉」兩個字，除了因為這兩個字的中文發音近似原文之外，同時也代表了胖吉的形體渾圓飽滿，見者開心大吉的意思，再加上「貓」字作後綴訂為胖吉貓。

　　胖吉貓的貼圖被大量使用在 Facebook 上，基本上所有 Facebook 上的聊天或留言插圖都可以看到胖吉貓的蹤影，也使得胖吉貓粉絲專頁的人氣快速上升，直逼千萬大關。因此網路上的惡搞文化將胖吉貓尊稱為「教主」，粉絲們自稱為信徒，發誓要追隨教主直到天涯海角。

　　由於網路的傳播與分享，胖吉貓的周邊產品非常受到歡迎，包含吊飾、服裝、玩偶、各類飾品等等，目前胖吉貓也有跟多家知名品牌與通路合作，例如 Barnes & Noble、Hot Topic 和 Petco 等商店，還有專門生產各式玩偶的國際級製造商 Gund，讓胖吉貓的周邊商品觸角更廣也更大。

圖片由 FB 粉絲團【胖吉信徒 Pusheenfantw】提供

084 湯姆貓

得獎數不輸迪士尼的動畫主角。

　　《湯姆貓與傑利鼠》（Tom and Jerry）是由威廉‧漢納和約瑟夫‧巴伯拉於一九四〇年創作出的美國動畫，主要描繪了兩個主角，分別是灰色的湯姆貓與橘色的傑利鼠之間的對抗喜劇，偶爾也會有其他角色加入。湯姆貓的個性比較容易受到挑釁且易怒，而傑利鼠比較聰明但投機。一般劇情的發展是湯姆貓想抓住傑利鼠，或是傑利鼠去挑釁湯姆貓，於是一貓一鼠開始互相追逐。湯姆貓在開場時總是一路順風順水，然後越來越囂張，但是到了中間劇情，傑利鼠會使用智慧和周遭環境的優勢來個大逆轉，讓湯姆貓誤中機關，或是被引到鬥牛犬史派克的身邊，故事的最後一般都是以傑利鼠的勝利當作結局，但有時也會有湯姆貓勝利，或是兩者共同攜手闖過難關的劇情。

　　漢納和巴伯拉從一九四〇年到一九五八年為米高梅（MGM）卡通工作室製作了一百一十四部《湯姆貓與傑利鼠》動畫片，並贏得了七座奧斯卡動畫短片獎，記錄不輸尼士尼動畫。《湯姆貓與傑利鼠》屬於沒有對白的動畫片，因此帶領觀眾進入劇情的配樂格外重要。《湯姆貓與傑利鼠》的配樂水準非常高，融合了古典音樂、爵士樂和流行音樂等等。有時故事場景會安排在音樂廳或是音樂家的房子裡，並將各種世界名曲融入動畫的劇情中，當觀眾被湯姆貓與傑利鼠之間爾虞我詐的場面逗得哈哈大笑時，不知不覺中也跟著欣賞了一場音樂饗宴。《湯姆貓與傑利鼠》的故事劇情非常活潑跳躍，一點也沒有因為是動畫片而死板，而且想像力天馬行空，完全跳躍出理性思考，也會融入時事。劇情不但有戰爭場面、警匪追逐、太空冒險，甚至在片中還會使用槍彈火藥。不過畢竟這部動畫的觀眾年齡都比較小，所以多少還是有被家長投訴過，像是片中有吸菸的畫面、胡亂使用槍械、疑似種族歧視的內容等等，都受過投訴，甚至是遭到刪除。

版權歸屬於：Bornfree/Shutterstock.com

085 TORO 貓

由 Sony 設計發想的虛擬貓，也是該公司的吉祥物。

　　Toro 貓的正式名字是井上多樂（井上トロ），臺灣早期稱為多羅貓，又稱為多樂貓。Toro 貓是由索尼電腦娛樂（現在改名為索尼互動娛樂）創作出來的遊戲角色，最早出現於 Sony 的 PlayStation 遊戲《隨身玩伴》系列，是一款養成互動遊戲。Toro 貓是一隻擬人化的白貓，頭部是由梯形與兩個三角形組合而成，身體則是二等身比例的矩形。在《隨身玩伴》中，Toro 貓被設定為嚮往成為人類的貓，井上這個姓氏來自於收養他的壽司店老闆，井上老爺爺（事實上是取自遊戲開發製作時一位名叫井上的工程師）。因為特別愛吃鮪魚肚，老闆就以鮪魚的日文發音幫他取名為「Toro」，說話結束時，句尾會帶「喵」音。

　　由於 Toro 貓相信大量的說話就可以變成人類，所以跟 Toro 貓有關的遊戲，主要設定為「教導 Toro 貓與好朋友們學習人類日常用語」。但是遊戲裡的角色大多不能理解話語的正確意涵，所以會隨興進行對話，偶爾會產生一些無厘頭但充滿趣味性的對話，反而獲得廣大的人氣。目前 Sony 所有的遊戲平臺都有支援 Toro 貓的遊戲。

　　網路上時常能看到白貓 Toro 與黑貓黑樂（クロ）一起出現的圖片，黑樂也是遊戲中出現的角色，是全身黑的黑貓，剛好跟 Toro 貓相反。黑樂也被稱為酷羅或酷樂，在初代的《隨身玩伴》中還沒有黑樂的設定，一直到 PS2 平臺的第四部續作中，才以「野生黑貓」的設定首度登場，原本是一隻在各地流浪的黑貓，但因為遇到 Toro 貓，認為他「想成為人類」的夢想很有趣，而停止旅行。黑樂自認為上知天文下知地理，無所不知無所不曉，對御宅族文化也頗有研究。個性則是酒色財氣樣樣沾，來者不拒，對女性特別有一手，追求「吃飽睡，睡飽吃」的悠閒生活，平常比 Toro 貓強勢。說話結束時也會帶「喵」音。

圖片由 FB 粉絲團【TORO 貓臉真粉絲團】提供

百老匯大道（Broadway）是美國紐約市重要的南北向道路，由於座落許多家劇院，是美國戲劇和音樂劇的重要發揚地，因此「百老匯」三個字成為了音樂劇的代名詞。

百老匯曾經有一齣名為《貓（Cat）》的音樂劇，創下了百老匯公演最久的音樂劇紀錄，後來被另一部音樂劇《歌劇魅影》給打破。有趣的是，《貓》劇的作曲者也正是《歌劇魅影》的作曲者，安德魯‧洛伊‧韋伯，是非常有名的音樂劇作曲與舞台製作人，有「音樂劇之父」的美稱。《貓》劇在一九八一年五月十一日，於倫敦西區的新倫敦劇院首次進行公演。故事大綱是有一群潔里珂家族的貓，在子夜以舞蹈舉辦慶典，並等待他們的長老到來，長老會從家族裡選出一隻貓，送上雲外之路獲得重生。因此每一隻貓都要用歌舞來介紹自己的故事，最後由過氣且失去了光彩的魅力貓——葛麗茲貝拉中選。

劇中有一部動人心弦的名曲《Memory（記憶）》，相信很多人都聽過，就是由葛麗茲貝拉所演唱。葛麗茲貝拉在劇中的設定為年輕時很美麗的母貓，但卻因為嫌棄貓族的生活而背叛家族，等他年華老去後，想重回家族卻得不到原諒，因此她在第一幕的最後唱出了這首歌。之後在第二幕的尾聲，葛麗茲貝拉又出現，並再次唱出這首歌，其餘的貓一隻接著一隻，原諒了葛麗茲貝拉，接納她重新回到潔里珂家族。長老最後選擇葛麗茲貝拉，送上雲外之路獲得重生。

《貓》劇在演出二十一年周年時，也就是二〇〇二年五月十一日，在倫敦落幕。總計在紐約演出了七千四百八十五場，倫敦演出八千九百四十九場，被翻譯為二十多國文字，在其他各國公演與巡迴，是很成功的音樂劇。值得一提的是，《貓》劇的宣傳海報一直使用黑底，黃色貓眼，貓眼內有舞者姿態作為瞳孔的設計，從未被更換過，是一款相當經典的海報設計。

CATS

GRUMPY CAT

IS HEREBY DECLARED AN
HONORARY JELLICLE CAT

FELINE, FEARLESS, FAITHFUL AND TRUE

OLD DEUTERONOMY

版權歸屬於：JStone/shutterstock.com

087 貓女

性感與任性的女性角色，亦正亦邪讓人摸不透。

　　近來超級英雄電影在世界各地流行，這類電影大概可以分為兩派不同的虛擬宇宙觀，一派是「漫威」，包含知名的鋼鐵人、綠巨人浩克、美國隊長等超級英雄，構築出了漫威宇宙；而另一派是「DC」，旗下有超人、蝙蝠俠、神力女超人等超級英雄，構築出了 DC 宇宙。而本篇要介紹的貓女（Catwoman），同樣來自於 DC 宇宙。

　　貓女最早現身於《蝙蝠俠》漫畫，身分是喜歡冒險與珍珠寶石的竊盜犯，以蝙蝠俠的敵人身分出現。第一次現身時並沒有穿戴任何偽裝，之後才開始改戴上貓咪面具，並逐漸穿上黑色性感緊身皮衣、帶有黑色高跟鞋的連身皮褲與貓耳朵頭套。貓女出現之後立刻大受讀者歡迎，獲得獨立出刊的機會。因為貓女的性格被塑造為喜愛冒險、放蕩不羈的女性角色，漫畫中時不時會挑逗蝙蝠俠，逐漸成為蝙蝠俠愛慕的對象，兩者間時常有切不斷，理還亂的曖昧情節。

　　嚴格說起來，貓女並不能算是英雄角色，因為她的所作所為並不是為了所謂的「正義理念」，例如道德、勇氣、理想等。相反地，貓女的行動模式比較偏向自我為中心，就像貓咪一樣，她的行為不需要理由，一切純以自己開心與否作為依據。若是要把貓女歸類為《蝙蝠俠》系列中的反派角色，又差了那麼一點狠勁，畢竟《蝙蝠俠》中的反派角色，像是小丑、雙面人等，都有明顯的邪惡特質存在，與其相比，貓女反而像鄰居家中愛惡作劇的小朋友，因此滿多人會將貓女歸類為《蝙蝠俠》中喜歡耍任性的壞女孩，而非壞事做盡的反派角色。有趣的是，《蝙蝠俠》系列中還有一個很有名的女性角色「小丑女」，在多數讀者的心目中跟貓女有同樣的定位，都不願意將其歸類在反派角色中。貓女與小丑女也是《蝙蝠俠》系列中很常被互相比較的兩位女性角色，在讀者票選的活動中，兩者間的角逐一直軒輕難分。

088 水手貓

　　歷史上有幾隻有名的水手貓，第一隻是布萊奇（Blackie），這隻貓咪服役於二次世界大戰時期的英國皇家海軍戰艦——威爾斯親王號，這艘戰艦擔有護送英國首相邱吉爾前往紐芬蘭島，與美國總統羅斯福共同制定大西洋憲章的重要任務。在任務結束，邱吉爾即將離開戰艦時，布萊奇主動靠近邱吉爾，愛貓的邱吉爾也忍不住彎下腰來摸摸布萊奇，這一幕被當時在現場等候的媒體們拍到，成為二次世界大戰的經典照片。之後威爾斯親王號遭到日本帝國海軍航空隊擊沉，布萊奇大難不死，跟著倖存人員一起到達新加坡，但是在從新加坡撤離時，布萊奇就不知蹤影，沒有人知道他的下落。

　　第二隻是不沉的山姆（Unsinkable Sam），也有人稱呼他為奧斯卡。這隻貓咪同樣是二次世界大戰時的名貓，原先是德國俾斯麥號戰艦上的貓，但是戰爭時期，俾斯麥號戰艦遭到擊沉，幸運的山姆被英國驅逐艦——哥薩克人號的船員救起，自此投誠至英國皇家海軍服役。但是哥薩克人號也在戰爭時期遭到德國潛艇擊沉，幸好山姆大難不死，轉至英國皇家方舟號航空母艦服役，結果還不到一個月，皇家方舟號又被德國潛艇重創擊沉，命大的山姆再次獲救。之後山姆就從前線退下，輾轉回到英國。英國格林尼治國家航海博物館存有一張山姆的肖像畫，紀念這一隻幸運的貓。不過，山姆的故事遭到不少人質疑，首先是影像資源不夠，其次是根據考證，俾斯麥號戰艦沉沒的時候，英國的艦艇被要求不得停留，因為該處可能有德國的潛艇埋伏，不少倖存者都來不及救援，何況是一隻貓？最後是俾斯麥號戰艦倖存船員在接受訪問時，表示他們對於這隻貓沒有印象。因此到底山姆是否真實存在，至今還是一個謎。

邱吉爾與布萊
奇的歷史照片

　　貓妖精（Cat Sith，或 Cait Sith）的傳說故事大多出自於蘇格蘭，少部分出自愛爾蘭，英語字中的「Sith」意指妖精，也有傳說認為貓妖精是能化身為貓的女巫，在第九次化身為貓之後，就會永遠成為貓。貓妖精的形象大多是黑貓，胸前有一大片白毛，體型跟狗一樣，會穿著長靴以雙腳走路，衣著華麗，頭頂皇冠，時常出現於城市之中，會說多國的人類語言，且非常有智慧。古凱爾特人的新年是十一月一日，被稱為薩溫節，只要在屋內放置一碟牛奶給貓妖精，他就會祝福這間屋子的人，若是沒有，則會招致乳牛不再產乳的詛咒。

　　傳說貓妖精是統領貓族的王者，在英國民間故事《貓族之王》中，一名農夫回家告訴他的妻子，說自己在路上看到一群貓咪聚在一起，受到好奇心驅使的他靠上前，看到了九隻胸前帶著白色斑點的黑貓與一個放著皇冠的棺材，其中一隻貓轉頭用人類的語言告訴農夫：「去跟你家的老湯姆說，老蒂姆駕崩了。」農夫剛說到這，他家養的貓咪老湯姆，突然一反之前懶洋洋愛打盹的樣子，從火爐邊跳起來喊道：「什麼？老蒂姆駕崩了！那不就該我登基為王？」說完立刻順著煙囪爬出農夫家，再也不見蹤影。

　　英國神祕生物學者卡爾‧遐克爾認為，貓妖精的傳說原型來自蘇格蘭特有的黑色野貓「凱拉斯貓」。凱拉斯貓的目擊事件非常少，曾經跟日本的槌蛇、尼斯湖水怪一樣，被認為是虛構出來的生物。直到一位獵場看守員射殺到一隻凱拉斯貓，才確認有這樣一種由家貓與野貓混種出來的動物，目前馬里埃爾金的博物館存有凱拉斯貓的標本。

　　貓妖精的傳說衍生出很多相關作品，例如童話《長靴貓》、電影《鞋貓劍客》、日本漫畫《水星領航員》、日本動畫《貓的報恩》、遊戲《最終幻想VII》等等，都存在著貓妖精的元素。

凱拉斯貓

　　世界上大概有百分之十的人會對貓咪過敏，而無毛貓原先培育的初衷，就是希望讓受到貓毛過敏困擾的人，有機會可以享受到養貓的樂趣。

　　最有名的無毛貓品種是斯芬克斯貓（Sphynx），也被稱為加拿大無毛貓。這種貓咪的身體上只有非常薄的細毛，可以直接看到皮膚的顏色，膚質有如麂皮，充滿皺褶。因為沒有體毛，所以比一般貓咪更容易散失體溫。有些人會害怕這種無毛的貓咪，總認為這樣的貓咪看起來有些邪惡，但事實上，斯芬克斯貓的個性普遍外向，聰明且充滿好奇心。

　　在俄羅斯也有兩種無毛貓品種，第一種稱為唐斯芬克斯貓（Donskoy），與斯芬克斯貓最大的差別在於，斯芬克斯貓是受到隱性基因影響，而唐斯芬克斯貓則是顯性基因。此外，蹼狀爪也是唐斯芬克斯貓的特徵。第二種稱為彼得巴德貓（Peterbald，或稱為彼得禿貓），是由唐斯芬克斯貓與東方短毛貓雜交而培育出來。

　　無毛貓品種只能被歸類在稀有品種，因為前段有提到，斯芬克斯貓受到隱性基因影響，因此要能繼續生出下一代斯芬克斯貓，必需特別挑選兩隻斯芬克斯貓，或是近親交配。即使是受到顯性基因影響的唐斯芬克斯貓，在繁殖上也有一些困難。目前除了國際貓協會（TICA）之外，美國愛貓者協會（CFA）、歐洲貓協聯盟（FIFe）等組織都不太願意承認這種特意經由人工操縱培育出來的品種，特別是歐洲貓協聯盟，目前只承認唐斯芬克斯貓。

　　二○○六年的時候，一間美國生技公司宣布他們培育出能減低過敏反應的貓（Allerca hypoallergenic cat），能降低貓咪口水及皮毛中會造成人類過敏的蛋白質過敏原。不過後來被證實可能是一場騙局，該公司目前也沒有相關的數據與資料可供佐證。

　　人類對於貓咪被馴化的歷史知之甚少，原因是在於考古挖掘出來的資料非常的少。中國從西周就有關於貓的文獻紀錄，不過當時紀錄下來的貓比較偏向野貓，而非馴化的家貓。雖然有一句歇後語叫做「狗拿耗子──多管閒事」，但是在魏晉時期出土的文物與文獻記載，還真的可以看到以家犬來驅鼠的情況，而非家貓。

　　在二〇〇四年四月的時候，期刊《科學（Science）》上刊載了一篇考古研究，法國的考古團隊在賽普勒斯島發現了一處約有九千五百年左右歷史的墓葬，並挖掘到一具緊挨著人類遺骸的貓咪遺骸，由現場的埋葬狀態與姿勢做比較，兩者很可能是同時掩埋，雖然科學家推斷這隻貓是野貓，但是金氏世界紀錄還是將其記載為第一隻被馴養的貓。

　　目前藉由埃及貓木乃伊的研究，能夠確定貓咪被馴化的時間點，至少可以往前推到四千年前的埃及。而最早紀錄到的貓咪名字，大約出現在西元前一千四百年左右的埃及，名字是內德姆（Nedjem），意思是甜蜜的或是令人愉悅的。

　　雖然家貓的祖先普遍認為是來自馴化的北非野貓，可是二〇一四年的《美國國家科學院院刊（Proc Natl Acad Sci USA）》刊載了來自中國的考古研究，中國考古學家在中國陝西省泉護村遺址，發現八塊頭骨化石，分別來自兩隻貓科動物，證明中國人早在五千三百年前就開始養貓。不過藉由電腦分析，科學家們發現這些貓骨可能是馴化的石虎，而非北非野貓，並排除了是野生石虎的可能，最主要的原因在於這些貓骨上有餵養的跡象，且有一隻貓咪受到安善的安葬，骸骨保存良好。雖然馴化過程與馴化程度的證據還是不足，但至少這個考古發現，能證明這時候已經有貓科動物跟人類共同生活。

布魯塞爾封鎖中

用喵星人的萌照掩護警方，徹底掃蕩恐怖份子。

二〇一五年十一月十三至十四日，法國巴黎發生了恐怖攻擊事件，總共造成一百三十七人死亡，近百人重傷，其他傷者數高達三百六十八人。由於這次恐怖攻擊事件有多名嫌疑犯來自比利時布魯塞爾的郊區，使得比利時被冠上「恐怖份子溫床」的汙名。

為了洗刷汙名，比利時警方從十一月二十一日起開始大規模的掃蕩緝捕疑似恐怖份子的嫌疑犯，各級機關學校與公眾交通工具為了配合行動而不定時關閉。市民們為了掌握交通與各個公家機關與學校的狀況，便在推特上串聯分享各種相關資訊，並使用 # 布魯塞爾封鎖中（#BrusselsLockdown）的標籤做為標記。不過，這樣的資訊分享有可能會曝光警方的警力佈署與相關位置，於是比利時國防部長隨即在推特上發文，請求民眾不要在公開的社群媒體上談論相關資訊，避免恐怖份子得知消息，使警方失去先機與陷入危險。

一位攝影師雨果·兼森（Hugo Janssen）率先響應，他在推特貼上自家愛貓的照片，並附上以下文字：「與其討論警方的事，不如來看看我家的貓咪莫札特吧！」這個行動隨即受到大量網友響應，使得原本用來分享掃蕩行動資訊的標籤「# 布魯塞爾封鎖中」，被各式各樣的貓咪照片與惡搞圖片洗版，所以有人戲稱布魯塞爾已經被貓咪攻佔了。雖然布魯塞爾的掃蕩行動已經結束好幾年，但是現在到推特上輸入 #BrusselsLockdown，還是可以找到大量的貓咪照片與充滿幽默感的文字，不只推特，FB 或 IG 等社群平臺也能找到。

這次的「警貓合作」，讓布魯塞爾警方成功掃蕩了十多處疑似有恐怖份子潛藏的建築物，同時逮捕了許多嫌疑犯。布魯塞爾警方也在最後將一張裝滿貓飼料的食盆貼在推特上，並寫上：「感謝貓咪們昨日給予的大力幫忙，這點小意思還請享用。」

版權歸屬於：CRM/Shutterstock.com

093 Hello Kitty
其實凱蒂貓不是貓，她是倫敦小女孩。

讓人少女心大爆發的 Hello Kitty（ハローキティ），是日本三麗鷗公司於一九七四年所創作出來的虛擬角色。凱蒂貓是 Hello Kitty 在早期正式採用的中文官方譯名，後來一律改為原名 Hello Kitty。另外，由於 Hello Kitty 沒有嘴巴，在網路上也有人戲稱其為無口貓。

Hello Kitty 由初代設計師清水侑子設計，目前由第三代設計師山口裕子負責，Hello Kitty 的外型為白色貓咪頭型、黑色杏眼、黃鼻子、臉上有六條鬍鬚、沒有嘴巴（動畫中有出現嘴巴）、左耳繫有紅色蝴蝶結（Hello Kitty 的妹妹 Mimmy 則是右耳繫有黃色蝴蝶結，有時也會用花束或其他元素取代，主要是以裝飾物的位置來辨別是 Hello Kitty 或是 Mimmy），一般是穿吊帶褲，近代逐漸有更多不一樣的設計呈現，例如成熟風格、休閒風格、職業風格、性感風格等等。

日本三麗鷗公司於二〇一四年時，針對 Hello Kitty 的身分發表聲明，表示 Hello Kitty 其實並不是貓，而是有英國血統的小女孩，名叫凱蒂·懷特（Kitty White），以雙腳行走，一舉一動完全不像貓，更別說 Hello Kitty 自己還養了一隻 Charmmy Kitty（有些人會跟迪士尼的瑪麗貓搞混）當寵物。這個消息立刻引起軒然大波，讓很多人感到不可思議，甚至懷疑會不會 Snoopy 也不是狗、加菲貓也不是貓？不過這還是改變不了 Hello Kitty 粉絲們對她的支持。

Hello Kitty 第三代設計師，也是現任設計師山口裕子，曾經出版了一本半自傳書《KITTY 的眼淚》，書中揭露 Hello Kitty 原本是被三麗鷗放棄的卡通角色，當時三麗鷗的當家花旦是雙子星（Little Twin Stars）的 Kiki 和 Lala，山口裕子在書中分享她是如何幫 Hello Kitty 設定故事、改造形象、主動到通路接近顧客、積極參與各種活動以及打出國際的經過，最終成功讓 Hello Kitty 從沒人要的角色，一舉奪下三麗鷗一姐的寶座。

版權歸屬於：enchanted_fairy/Shutterstock.com

一般被公認為最愛說話的貓咪，幾乎都是東方品種的貓，特別是暹羅貓。有研究認為暹羅貓這個品種是貓咪中最聰明的，在進行跟貓咪有關的智力測驗時，暹羅貓普遍都可以拿到不錯的成績。不過，有不少貓其實也很「搞威」，特別是肚子餓想吃東西的時候，這些貓可以跟飼主互相喵來喵去好長的時間，還有些貓咪在吃飯時喜歡邊吃邊講話。更有趣的是，有些貓咪要是做壞事被當場抓到，除了會裝沒事舔舔毛之外，有時還會碎碎念或頂嘴。

那麼世界上有沒有關於最吵的貓咪紀錄呢？有的！金氏世界紀錄中，有一隻來自英國的貓，名字叫做梅林（Merlin），是飼主從收容所領養回來的貓咪。這隻貓咪的呼嚕呼嚕聲超過 67.8 分貝。一般貓咪的呼嚕呼嚕聲大概是在 25 分貝上下，70 分貝的聲音會讓人有吵鬧的感覺，甚至會對普通的對話造成影響，所以跟別的貓相比，梅林的呼嚕呼嚕聲幾乎可以說是震耳欲聾了。每次飼主在講電話時，電話另外一頭的人常常會停下對話，問他背景音是什麼？大多數的人都不相信這個噪音是貓咪的呼嚕聲。英國還有一隻名叫老菸槍（Smokey）的貓，據說他大聲叫起來的聲音可以超過 90 分貝，跟行進中的火車聲音差不多。不過老煙槍平常的聲音也不小，喉嚨裡總是發出巨大的聲音，活像是藏了一隻鴿子一樣。

說到呼嚕呼嚕聲，有人認為這是代表貓咪感到滿足時的聲音，但其實並不一定，有獸醫就曾經分享過，將貓咪抱上診療檯時，不少貓咪也會發出呼嚕呼嚕的聲音。其實呼嚕呼嚕聲應該比較像是一種能讓貓咪放鬆、排除緊張的音調，不一定是只有在感到滿足的時候才會有。據說，只要是貓科動物都會呼嚕呼嚕，像是獅子或花豹等動物，他們的呼嚕呼嚕聲聽起來就像是機車發動的聲音。只要到 YouTube 輸入關鍵字「Purr」，就能聽到各種大型貓科動物的呼嚕聲。

梅林的呼嚕聲

貓咖啡廳與貓店長
世界上第一間貓咪咖啡廳在臺灣！

　　臺灣臺北的「貓花園」咖啡廳，於一九九八年開幕，是全球最老的貓咪咖啡廳。在貓咖啡廳裡，貓咪可以自由跟顧客互動遊戲來招呼客人，就像是店長一樣。貓咪咖啡廳的概念從臺灣發展到了日本、韓國，甚至是歐美等地，更延伸出了其他種類的寵物咖啡廳，像是兔子咖啡廳、貓頭鷹咖啡廳、雪貂咖啡廳等等。由於貓咪咖啡廳的療癒性質，吸引了很多外國的客人前來享受（指定）貓店長的服務，有一位美國人蘇珊，就是因為太喜歡貓咪了，所以跑遍全臺灣的貓咪咖啡廳，並出版了一本雙語版的《這裡有貓，歡迎光臨》，收錄臺灣所有的貓咪咖啡廳，推薦給外國的愛貓旅客。

　　世界各地知名的貓店長很多，像是臺灣臺中貓爪子咖啡的圍事阿龍，就是一隻很有個性的貓，很多顧客就是衝著阿龍的魅力來光顧的，雖然阿龍已經走上彩虹橋，依然有很多人懷念他。香港有一位藥房貓店長──波子，因為抓傷小朋友被人投訴，遭到香港漁護署「預約拘捕」，隨即有七萬網民發動聯署，要求漁護署撤銷拘捕令。香港知名的忌廉哥也是貓店長出身。在烏克蘭首都，靠近金門附近的公園裡，設立了一座貓咪的雕像，是用來紀念一隻名叫潘杜莎（Pantyusha）的貓店長。這位貓店長原本在金門附近的一間餐廳服務，據說很親人，而且會親自監督巡視餐廳的一切事務，很受到當地居民與餐廳的員工喜愛。後來潘杜莎不幸因為餐廳大火而喪生，所以餐廳的顧客們發起募捐，為他立了一座雕像來紀念這位貓店長。據說原本雕像旁邊還有一隻小鳥，但是太容易被人折壞了，所以就沒修復。這座雕像也成為當地的著名景點，不少人都會來摸摸潘杜莎的尾巴和耳朵，所以這兩個地方特別閃亮。

　　講到因畫貓而出名的畫家，絕對不能不提到日本的浮世繪大師——歌川國芳，他的本名是井草孫三郎，也是知名的愛貓人，很喜歡在作品的邊邊角角畫上貓咪。同樣來自日本的菱田春草，本名是菱田三男冶，他的繪畫風格融合了傳統日式手法與西方的繪畫技巧，以漸層式的色彩呈現取代傳統上墨線描邊的方式繪圖，雖然在當時被譏笑為「朦朧體」，但是他依然努力以相同的方式創作，如今作品已經被日本政府認定為重要文化財產。藤田嗣治出生於日本，後來歸化法國，因為將日本畫的技法融入油畫之中而出名。嚴格講起來，藤田嗣治比較出名的是他在女體畫上的用色與手法，但他也是一位愛貓人，時常會在自畫像中加上自己的貓。

　　路易斯·威恩（Louis Wain）來自英國，早期以犬類的圖畫為生，後來一隻黑白色幼貓進入他的生命，讓他決定成為貓咪畫家。他最有名的作品是擬人貓與大眼貓，他會帶著速寫本到酒店或餐廳，觀察周遭的人物來繪製擬人貓。不過路易斯晚年可能罹患上精神分裂症或亞斯伯格症，開始創作迷幻的貓咪作品，這些作品的評價很高，又被稱為「未來主義的貓」。霍瑞修·亨利·庫德瑞（Horatio Henry Couldery）同樣來自英國，擅長繪製幼貓與家貓，他對於動物皮毛的細節描繪非常細膩，被評價為必須用放大鏡才能細細觀賞的作品，且繪製手法無人可以取代。

　　朱立斯·亞當（Julius Adam）來自德國，又有一個稱號叫「貓亞當」。雖然他也有創作其他畫作，但是真正使他出名的還是跟貓咪有關的作品。

　　戈特弗里德·麥恩德（Gottfried Mind）來自瑞士，是一位自閉症患者，但是在他創作的年代，因為他畫出來的貓有非常細膩的呈現，看起來栩栩如生，所以被稱為「畫貓的拉斐爾」。

地球上的土地除了大陸之外，還有數量眾多的島嶼分布在各個海洋上。在這些島嶼中，有很多知名的貓島，意思是指島上的貓咪很多，幾乎是島上最大的動物族群，有些甚至比島上人口還多。比較有名的貓島有宮城縣的田代島、滋賀縣的沖島、香川縣的男木島、愛媛縣的佐柳島與青島、福岡縣的藍島、神奈川縣的江之島等。為什麼這些島會成為貓島呢？在日本有這樣一段故事。

眾所皆知日本是漁業非常興盛的國家，而漁港最討厭的動物首推老鼠，除了會偷走漁夫捕回來的魚以外，還會咬破網子與木製設備，像是船槳或曬魚架等等，更會傳染疾病。由於這些老鼠大多都是跟著漁船偷渡到島上的，因此大多數的島嶼上根本就沒有老鼠的天敵，以至於這些老鼠肆無忌憚地到處繁殖，嚴重影響到島上居民的生活。於是，不堪其擾的居民決定要引進老鼠的天敵到島上來對付他們，他們首先想到的是蛇，可是蛇只要吃一隻老鼠就可以撐一個星期，根本來不及應付數量龐大的老鼠，於是只好引進第二種老鼠的天敵，鼬鼠（黃鼠狼）。想不到鼬鼠是領域性很強的動物，島的大小根本不夠鼬鼠們分配地盤，造成鼬鼠之間為了爭地盤而自相殘殺，反而比老鼠死得更快。最後居民只好引進貓來對付老鼠。沒想到這群貓一移居到島上，竟然整天懶洋洋地躺在路上曬太陽，直到魚船差不多要回來時，才會突然一起睡醒到港邊迎接，等著漁夫餵他們吃魚。就當居民以為這次的行動又要以失敗告終時，在海上捕魚的漁夫突然說道，他們在海上看到很多老鼠一批一批的從島上試著往其他島上游去，但是游到一半就體力不支沉到海裡去餵魚了。眾人才突然發現原來貓咪來到這座島上後，讓島上的老鼠受到驚嚇，無處可躲，只能試著拚命跳海逃生。自此之後，這些貓就在島上居民好吃好喝的招待下定居下來，逐漸成為島上族群最大的動物，而這些島也就成為貓島了。

網路上有一則笑話是問：「為什麼女巫要養黑貓？因為女巫都穿黑色長袍，如果養白貓，貓咪的毛黏在衣服上太顯眼。」這個笑話讓不少養貓人都露出會心一笑。在西方傳說中，女巫會使用巫術、魔法、占星術，會煉製祕藥，還會騎掃把在空中自由來去。女巫的使魔大多數是黑貓、烏鴉或貓頭鷹，或是女巫本身就會幻化為這些動物。在西方的傳說與童話故事中，女巫大多都是邪惡的，或是被稱為巫婆，例如《糖果屋》裡會吃小朋友的巫婆、《亞瑟王傳奇》裡邪惡的女巫摩根勒菲等等。加上黑貓在西方文化又代表了不祥，因此女巫與黑貓的組合，帶給人們極度反面的印象，甚至會害怕。

大約在十二世紀的時候，歐洲教會藉由巫師審判作為藉口，實行肅清異己的目的，迫害思想與信仰不同的人。不分男女，只要被懷疑跟巫術有關，就會遭到逮捕並送到宗教審判法庭。很多懂草藥學，或是在天文學與其他學術及思想上有所研究的人，一律受到迫害、誣陷並強制進行思想改造或送上火刑檯處死，連帶這些人家中的寵物或相關聯的人，一律遭到處決，即所謂的獵巫行動。這段期間還沒有特別針對女性，直到獵巫手冊《女巫之槌》出版後，矛頭才開始指向女性。整個獵巫時期，被處決的人數估計超過十萬人，被處決的動物則無法統計。

歷史上有人研究女巫獵殺對世界帶來的影響，他們提出了一個理論，由於貓與貓頭鷹都是鼠類的天敵，女巫獵殺時一併獵殺這兩種動物，使得老鼠少了天敵制衡，開始大肆繁殖，終於在十四世紀爆發了歐洲史上最嚴重的瘟疫「黑死病」。黑死病的主要理論是鼠疫論，當時的人們因為對疾病不了解，以為瘟疫是女巫們的報復，反而更加大力度獵殺女巫，使得女巫獵殺在十六世紀達到高峰。

版權歸屬於：Maxim Mayorov/Shutterstock.com

099 拋貓節

以前是把貓拋出鐘樓，但現在改為拋出假的貓咪玩偶。

　　世界各地都有專屬貓咪的節日，例如一月有香港貓節、二月有日本貓節、三月有俄羅斯貓節、四月有臺灣貓節、八月有國際貓日、九月有招財貓節、十月有美國國際貓節與英國國際黑貓日、十一月有好肉球節與義大利黑貓節等等。

　　每年五月的第二個星期日是母親節，同時也是比利時小鎮伊普爾的拋貓節（Kattenstoet）。拋貓節每三年舉辦一次，每次都會吸引許多觀光客前往參與。

　　關於拋貓節的來源有兩個說法，第一是黑貓代表著不祥與巫術，當時的人相信，將黑貓拋出能破除邪惡；第二個說法是，伊普爾原先是重要的紡織重鎮，因此當地人會將貓帶到「布料廳」來阻止鼠害，可是貓咪越生越多，遠遠超過了小鎮所能負荷的數量，為了控制貓的數量，當時的人就將貓拋出布料廳，任其自生自滅。

　　不過現在已經不是當初那個年代了，拋貓節已經轉變成為這個小鎮對貓致敬的節日。在節日的前後幾天，街頭巷尾到處都會張貼跟貓有關的廣告與宣傳品，紀念品也都離不開貓。活動當天大家會裝扮成貓一起狂歡，並參與遊行活動，遊行隊伍有裝扮成貓的鼓樂隊，以及裝扮成小黑貓的人，會坐在馬車與花車上，或是穿著直排輪，四處溜走，還會喵喵叫跟遊客互動與拋送糖果。遊行隊伍以方陣為單位，每個方陣會表演不同的活動與小鎮的歷史。遊行中會出現兩尊巨大的知名操偶，「貓淑女（Minneke Puss）」與「貓紳士（Cieper）」。

　　到了節日的尾聲，會有一個小丑出現在布料廳的鐘樓上，手拿貓咪玩偶拋給群眾，據說只要能接到小丑從高處拋下來的貓咪玩偶，一整年都會有好運氣。不過小丑會故意逗弄底下的人群，而且鐘樓確實有點高度，要能接到小丑拋下來的貓必須眼明手快，還要有點運氣加持才行。

版權歸屬於：Nataliia Kasian/Shutterstock.com

　　稀有貓指的是很難見到的貓，相信各位可能曾經聽說過，能飼養到三花公貓是非常幸運的一件事，因為三花公貓的數量非常稀少。簡單解釋一下原因，決定貓咪毛色為黑色或橘色的基因位於 X 染色體上，白色基因則在常染色體上，因此要成為三花貓的基本條件就是必須要有兩個 X 染色體，才有可能同時出現黑色或橘色的毛色。而 X 染色體也是決定性別的染色體，另一條則是 Y 染色體，雌性的染色體搭配為 XX，雄性是 XY，因此少了一條 X 染色體的公貓是不可能出現三色花紋的。那為什麼還會有三色公貓出現呢？是因為這些貓的染色體發生異常，呈現出 XXY 搭配，才會出現三色花紋，這機率很小，所以很罕見。

　　還有另一種稀有貓，指的是生存環境受到破壞，或是遭到人類大量捕獵而瀕臨絕種的貓。臺灣曾經有一種很漂亮的貓科動物「雲豹」，近來已經被宣布絕種。臺灣還有一種被稱為「石虎」的貓科動物，又被稱為錢貓，會在苗栗、台中與南投等地的山區出沒，已經被政府列為第一級瀕臨絕種野生動物，數量可能不到五百隻。除了石虎之外，世界上還有很多貓科動物都被列為受威脅物種，例如生活在中南半島等地的漁貓、生活在婆羅洲的婆羅洲金貓、生活在泰國與馬來西亞等地的扁頭豹貓、生活在祕魯與安地斯山脈等地的山原貓、生活在伊比利亞半島的伊比利亞猞猁、生活在日本西表島的西表山貓等等。這邊只列出比較小型的貓科動物，其他還有同屬貓科以下的獵豹、雪豹、獅子、美洲獅、老虎等大型貓科動物沒有列出，若要一一細數，數量真的不少。

　　如果你自認為是一位愛貓人的話，請發揮愛屋及烏的精神，一起改善地球的環境，珍惜地球的資源，讓更多的貓科動物得以生存，讓我們的後代有機會可以看到他們的美，第一步不妨就從石虎開始吧！

101 更多世界名貓

101 篇怎麼介紹的完？還有更多世界名貓等你發掘！

很遺憾，有名的貓咪數量實在太多了，根本無法用 101 篇文字全部介紹給大家，礙於篇幅有限，無法收錄進書中的世界名貓在本篇統一簡單整理給讀者參考，試著去尋找吧！還有更多世界名貓等你發掘與創造喔！

1. 木匠太太（Mrs. Chippy）或被稱為花栗鼠夫人，曾參與大英帝國橫越南極遠征的「雄性」虎斑貓，等到探險隊出發好一段日子後，才有人注意到木匠太太原來是隻公貓，都因為已經叫習慣了，所以乾脆將錯就錯。

2. 貓上校（Colonel Meow），這隻貓是喜馬拉雅與波斯品種的混種貓，也是二〇一四年，毛最長的金氏世界紀錄保持貓，因為臉型看起來像鰲拜，被封為「可愛的恐怖獨裁者」。

3. 希特勒貓（Hitler Cat）因為頭上有斜斜的黑色花紋，鼻子下也有一小塊黑色花紋，特徵跟希特勒很像而得名。如果頭部沒有黑色花紋，或是黑色花紋像帽子的話，會歸類成卓別林貓。

4. 驚訝貓（Banye），網路上有人取這隻貓的英文名諧音，稱其為「斑爺」，是一隻下巴長有黑色花紋的貓，因為花紋的位置實在長的太剛好，讓這隻貓看起來好像隨時隨地都驚訝地張大嘴巴而得名。

5. 紳士貓（Moustache Cat）顧名思義是指剛好在鼻子正下方，嘴巴上方有明顯條狀毛色斑紋的貓，看起來就像是留著八字鬍一樣，有些是黑或灰貓留白鬍，有些是白貓留黑鬍，跟外國紳士給人的既定印象相像而得名。

6. 吸血貓（Loki）因為下顎不正，造成兩顆虎牙露在嘴巴外面，讓這隻貓看起來像長著獠牙的吸血鬼。

7. 陰陽眼貓（Odd-eyed cat），是指兩隻眼睛瞳孔顏色不同的貓，雖說只要有白毛基因的任何一隻貓都有可能出現陰陽眼，但是以白貓出現的機率最高。通常是一隻藍色眼睛搭配其他顏色的眼睛表現。

國家圖書館出版品預行編目資料

我們是最特別的：101隻你最想認識的世界名貓
/熊編著. -- 初版. -- 臺中市：晨星, 2019.09
　　面；　公分. --（看懂一本通；006）
　　ISBN 978-986-443-915-7（平裝）

1.貓

437.36　　　　　　　　　　　　108011979

看懂一本通 006

我們是最特別的

101 隻你最想認識的世界名貓

作者	熊編
編輯	李俊翰
校對	賴韋任
美術設計	尤淑瑜
封面設計	尤淑瑜、張蘊方

創辦人	陳銘民
發行所	晨星出版有限公司
	台中市 407 工業區 30 路 1 號
	TEL：（04）23595820　FAX：（04）23550581
	E-mail:service@morningstar.com.tw
	http://www.morningstar.com.tw
	行政院新聞局局版台業字第 2500 號
法律顧問	陳思成律師
初版	西元 2019 年 09 月 01 日

郵政劃撥	22326758（晨星出版有限公司）
讀者服務	（04）23595819 # 230
印刷	上好印刷股份有限公司

定價：350 元

（缺頁或破損的書，請寄回更換）

ISBN 978-986-443-915-7

Printed in Taiwan.

版權所有　•　翻印必究

線上回函
加入晨星，即享『50點購書金』
填寫心得，即享『50點購書金』

誠摯期待能與你在下一本書中相逢，讓我們一起從閱讀中尋找樂趣吧！

姓名：＿＿＿＿＿＿＿＿　性別：□ 男 □ 女　　生日：＿＿／＿＿／＿＿
職業：□ 學生　□ 教師　□ 內勤職員　□ 家庭主婦　□ 軍警　□ 企業主管　□ 服務業
□ 製造業　□ SOHO 族　□ 資訊業　□ 醫藥護理　□ 銷售業務　□ 其他＿＿＿＿＿＿
E-mail：＿＿＿＿＿＿＿＿＿＿＿＿＿＿　聯絡電話：＿＿＿＿＿＿＿＿＿＿＿＿
聯絡地址：□□□ ＿＿＿＿＿＿＿＿＿＿＿＿＿＿＿＿＿＿＿＿＿＿＿＿＿
購買書名：我們是最特別的：101 隻你最想認識的世界名貓
• 誘使你購買此書的原因？
□ 於 ＿＿＿＿＿＿＿＿ 書店尋找新知時　□ 看 ＿＿＿＿＿＿＿ 報紙／雜誌時瞄到
□ ＿＿＿＿＿＿＿＿ 電台 DJ 熱情推薦　□ 親朋好友拍胸脯保證　□ 受海報或文案吸引
□ 電子報　□ 晨星勵志館部落格／粉絲頁　□ 看 ＿＿＿＿＿＿＿ 部落格版主推薦
□ 其他編輯萬萬想不到的過程：＿＿＿＿＿＿＿＿＿＿＿＿＿＿＿＿＿＿＿＿
• 本書中最吸引你的是哪一篇文章或哪一段話呢？＿＿＿＿＿＿＿＿＿＿＿＿＿＿
• 你覺得本書在哪些規劃上還需要加強或是改進呢？
□ 封面設計　　□ 版面編排　　□ 字體大小　　□ 內容
□ 文／譯筆　　□ 其他 ＿＿＿＿＿＿＿＿＿＿＿＿＿＿＿＿＿＿＿＿＿＿
• 美好的事物、聲音或影像都很吸引人，但究竟是怎樣的書最能吸引你呢？
□ 價格殺紅眼的書　□ 內容符合需求　□ 贈品大碗又滿意　□ 我誓死效忠此作者
□ 晨星出版，必屬佳作！　□ 千里相逢，即是有緣　□ 其他原因 ＿＿＿＿＿＿＿＿
• 你與眾不同的閱讀品味，也請務必與我們分享：
□ 心靈勵志　□ 未來趨勢　□ 成功故事　□ 自我成長　□ 宗教哲學　□ 正念禪修
□ 財經企管　□ 社會議題　□ 人物傳記　□ 心理學　　□ 美容保健　□ 親子教養
□ 兩性關係　□ 史地　　　□ 休閒旅遊　□ 智慧格言　□ 其他 ＿＿＿＿＿＿＿＿
• 你最常到哪個通路購買書籍呢？　□ 博客來　□ 誠品　□ 金石堂　□ 其他 ＿＿＿＿
• 你最近想看哪一位作者的書籍作品？＿＿＿＿＿＿＿＿＿＿＿＿＿＿＿＿＿＿＿
• 請推薦幾個你最常看的部落格或網站？＿＿＿＿＿＿＿＿＿＿＿＿＿＿＿＿＿

以上問題想必耗去你不少心力，為免這份心血白費
請務必將此回函郵寄回本社，或傳真至（04）2359-7123，感謝！
若行有餘力，也請不吝賜教，好讓我們可以出版更多更好的書！
• 其他意見：

請填妥後對折裝訂，直接投郵即可，免貼郵票。

請黏貼
8 元郵票

407
台中市工業區 30 路 1 號
晨星出版有限公司

請沿虛線摺下裝訂，謝謝！

更多您不能錯過的好書

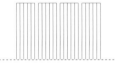

★榮獲第63梯次好書
大家讀入選圖書

各種養貓會碰到的問
題，一次為你解答！

想要貓咪健康又長壽的
飼主不可不讀的必備典
藏版！

融合中國傳統醫療的經
絡按摩與西方醫學的淋
巴按摩，改善愛貓的體
質與預防疾病，更能藉
由與貓咪親密的肢體接
觸，加深彼此的感情！

加入晨星寵物館粉絲頁，分享更多好康新知趣聞
更多優質好書都在晨星網路書店 www.morningstar.com.tw

 搜尋 / 晨星出版寵物館